W0263660

Die Deutsche Bibliothek - CIP-Einheitsaufnahme

Sigrist Viktor, Marti Peter:
Versuche zum Verformungsvermögen von Stahlbetonträgern /
Viktor Sigrist ; Peter Marti. Institut für Baustatik und
Konstruktion, Eidgenössische Technische Hochschule (ETH) Zürich. -
Basel ; Boston ; Berlin : Birkhäuser, 1993
  (Bericht / Institut für Baustatik und Konstruktion, ETH Zürich ; Nr. 202)

NE: Institut für Baustatik und Konstruktion <Zürich>: Bericht

Additional material to this book can be downloaded from http://extras.springer.com.

© Springer Basel AG 1993
Ursprünglich erschienen bei Birkhäuser Verlag Basel 1993

Gedruckt auf säurefreiem Papier
ISBN 978-3-7643-5007-9   ISBN 978-3-0348-5668-3 (eBook)
DOI 10.1007/978-3-0348-5668-3

9 8 7 6 5 4 3 2 1

Versuche zum Verformungsvermögen von Stahlbetonträgern

Viktor Sigrist, dipl. Bauing. ETH
Prof. Dr. Peter Marti

Institut für Baustatik und Konstruktion
Eidgenössische Technische Hochschule Zürich

Zürich
November 1993

Vorwort

Die hier beschriebenen Versuche wurden im Rahmen der ersten Phase des von mir geleiteten Forschungsprojekts "Verformungsvermögen von Massivbautragwerken" durchgeführt. Die Interpretation der Versuchsergebnisse, ein Vergleich mit Resultaten früherer Versuche und ergänzende theoretische Untersuchungen werden von Herrn Sigrist zur Zeit vorgenommen. Die Ergebnisse dieser Arbeiten sollen in etwa einem Jahr vorliegen und in Form einer Dissertation veröffentlicht werden.

Die früher übliche separate Numerierung von Versuchsberichten des Instituts für Baustatik und Konstruktion der ETH Zürich wird mit dem vorliegenden Bericht aufgegeben; neu werden Versuchsberichte in die fortlaufend numerierte Reihe der übrigen Berichte unseres Instituts eingegliedert. Neu gestaltet wurde auch der Einband; ein aus einem internen Wettbewerb hervorgegangenes Logo und die Farben Zürichs - blau und weiss - werden künftig unsere Veröffentlichungen zieren.

Zürich, November 1993   Prof. Dr. Peter Marti

Inhaltsverzeichnis

1 Einleitung

1.1 Problemstellung

Die Anwendung der Plastizitätstheorie setzt ein ausreichendes Verformungsvermögen der plastischen Verformungsbereiche eines Tragwerks voraus. Nur unter dieser Voraussetzung kann der plastische Tragwiderstand tatsächlich erreicht und ein vorzeitiges Versagen vermieden werden.

In der Praxis versucht man durch geeignete konstruktive Massnahmen ein ausreichendes Verformungsvermögen sicherzustellen, und man wendet dann die Plastizitätstheorie in der Regel ohne Verformungsnachweis an. Dies ist zwar tatsächlich meist unbedenklich, grundsätzlich aber unbefriedigend. Oft ergeben sich Unsicherheiten bei der Beurteilung der Frage, ob und wie Verformungen nachzuweisen sind und ob sich ein bei der Bemessung gewählter Gleichgewichtszustand tatsächlich einstellen kann. Auch bei der Beurteilung bestehender Bauwerke bezüglich ihrer Tragfähigkeit, einer heute immer häufiger vorkommenden Ingenieuraufgabe, stellt sich mitunter die Frage, ob allfällige Tragreserven durch plastische Umlagerung der inneren Kräfte mobilisiert werden können. Diese Unsicherheiten rühren daher, dass noch keine widerspruchsfreie, auf klaren physikalischen Grundlagen basierende und experimentell abgestützte Theorie des Verformungsvermögens von Massivbautragwerken zur Verfügung steht.

In den vergangenen 30 Jahren wurden zur Rotationsfähigkeit plastischer Verformungsbereiche von Stahl- und Spannbetonträgern weltweit zahlreiche experimentelle und theoretische Arbeiten durchgeführt [ASCE-ACI (1965), Dilger (1966), Bachmann (1967), CEB (1974), CEB (1993)]. Obwohl damit wertvolle Ergebnisse vorliegen, lassen sich bezüglich des Verformungsvermögens sowie des Verformungsbedarfs nach wie vor keine Verallgemeinerungen vornehmen. Dies liegt einerseits an den Versuchen, die oft auf sehr spezifische Fragestellungen ausgerichtet waren, an relativ kleinen Trägern durchgeführt oder nur mangelhaft dokumentiert wurden, andererseits am Problem selber, das einer Vielzahl von Einflüssen ausgesetzt ist, die kaum isoliert untersucht werden können. In den theoretischen Arbeiten orientierte man sich mehrheitlich an der klassischen Biegelehre und erarbeitete Methoden zur Berechnung der Momenten-Krümmungs-Beziehungen sowie zur Ermittlung der fiktiven Länge der plastischen Gelenke. In neueren Arbeiten versuchte man, insbesondere durch die Berücksichtigung wirklichkeitsnaher Stoffgesetze, die komplexen Verformungsvorgänge rechnerisch nachzuvollziehen [Langer (1987), Graubner (1988)], was zur Entwicklung relativ umfangreicher Coputerprogramme führte. Die grundlegenden Mechanismen der Rissbildung und der Plastifizierung sowie der Kraftumlagerung und die eigentlichen Bruchprozesse wurden aber kaum studiert.

An der ETH Zürich wurden in den vergangenen Jahren verschiedene grundlegende Beiträge zur Anwendung der Plastizitätstheorie im Massivbau erarbeitet [Müller (1978), Marti (1980), Thürlimann et al. (1983)]. National und auch international haben diese Arbeiten in verschiedenen Bemessungsnormen [SIA (1993), CEB-FIP (1990), EC 2 (1992)] ihren Niederschlag gefunden. Diese primär auf die Frage der Tragfähigkeit ausgerichteten Untersuchungen vermögen jedoch die angesprochenen Problemkreise nicht zu klären. Infolge der vorhandenen Unsicherheit wird die Anwendung plastischer Bemessungsverfahren beispielsweise im Eurocode 2 [EC 2 (1992)] durch eine Vielzahl von Begrenzungen eingeschränkt. Damit drohen die eigentlichen Vorteile der Plastizitätstheorie, nämlich die auf klaren Modellen beruhende, einheitliche Betrachtungsweise und die Denkweise in Grenzzuständen, in den Hintergrund gedrängt zu werden.

Das Forschungsprojekt "Verformungsvermögen von Massivbautragwerken" soll dieser Entwicklung entgegenwirken. Es soll einen Beitrag zum besseren Verständnis des Trag- und Verformungsverhaltens von Stahl- und Spannbetontragwerken leisten und der Baupraxis wichtige Folgerungen für die Bemessung und Hilfen für die konstruktive Durchbildung zugänglich machen.

1.2 Zielsetzung

Ziel der in diesem Bericht beschriebenen Versuche war es, den Einfluss einiger wesentlicher Parameter auf das Verformungsvermögen von Stahl- und Spannbetonträgern zu untersuchen. Dabei sollte insbesondere die Möglichkeit geschaffen werden, die Ausbildung plastischer Gelenke im Bereich grosser negativer Momente und Querkräfte an Trägern realistischer Grösse zu beobachten.

Von den zahlreichen Faktoren die das Verformungsvermögen von Massivbauträgern beeinflussen, spielt, bei einer gegebenen Querschnittsgeometrie, die Leistungsfähigkeit der Biegedruckzone die wichtigste Rolle. Dieser Sachverhalt spiegelt sich auch darin, dass die von einem Balken maximal ertragene plastische Rotation in der Regel als Funktion der bezogenen Druckzonenhöhe c/d, oder des mechanischen Bewehrungsgehaltes ω dargestellt wird [Siviero (1974)]. Auch in Bemessungsnormen wird daher zur Gewährleistung der Duktilität in erster Linie die Höhe der Druckzone im Bruchzustand limitiert.

Bei den Versuchsträgern wurden in den am stärksten beanspruchten Bereichen relativ hohe Bewehrungsgehalte gewählt, so dass Betonversagen in den Stegen oder in den Biegedruckzonen zu erwarten waren. Zugleich konnte damit die Effizienz der Umschnürung des Betons in der Biegedruckzone überprüft werden.

Speziell wurden mit den Versuchen folgende Einflüsse untersucht:

- Längsbewehrungsgehalt,

- Querbewehrungsgehalt, ausgedrückt durch die für den Bruchzustand gewählte Neigung der Betondruckdiagonalen im Fachwerkmodell,

- Abstufung der Längsbewehrung,

- teilweise Vorspannung der Längsbewehrung.

Bei allen Versuchen wurde das Trag- und das Verformungsverhalten bis zum Kollaps der Träger beobachtet. Dabei wurden neben den aufgebrachten Kräften auch Verschiebungen, mittlere Verzerrungen und Rissweiten gemessen und kontinuierlich aufgezeichnet.

1.3 Versuchsprogramm

Die vorliegende Versuchsserie umfasste Versuche an vier schlaff bewehrten und zwei vorgespannten Trägern. Es handelte sich dabei um einfache Balken mit einer einseitigen Auskragung. Das generelle Versuchskonzept ist in **Bild 1.1** dargestellt.

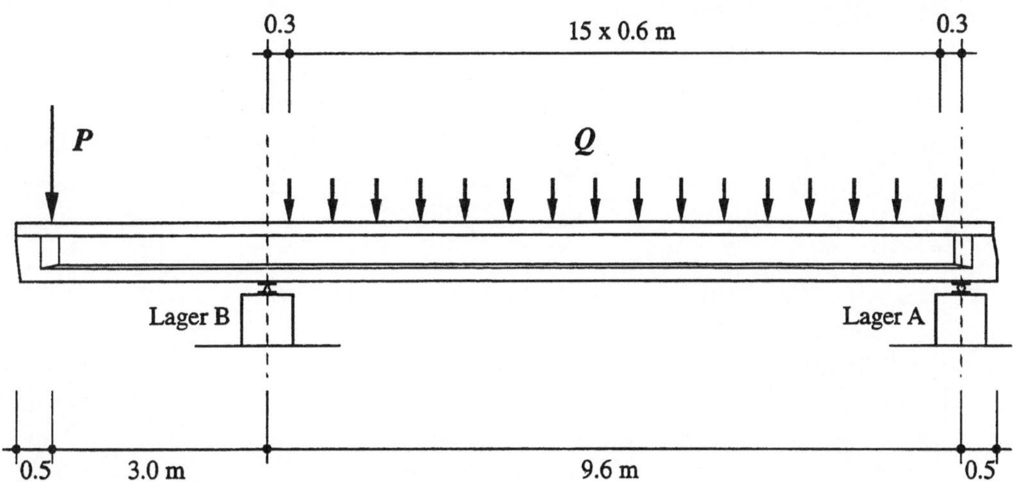

Bild 1.1: Versuchsaufbau für die Träger T1 bis T6.

In der **Tabelle 1.1** sind die gewählten Bemessungsparameter sowie die Versuchsbezeichnungen zusammengestellt. Für die stärker bewehrten Träger T1, T2, T4, und T5 ergaben sich in den Querschnitten über dem Lager B mechanische Bewehrungsgehalte $\omega = (A_s \cdot f_y)/(b_u \cdot d \cdot f_c)$ von ungefähr 0.27. Sie unterschieden sich jedoch im Bügelbewehrungsgehalt (Neigung der Betondruckdiagonalen), in der Bewehrungsführung (Abstufung der Längsbewehrung) und in der Art der Bewehrung (schlaff, vorgespannt). Bei den

Trägern T3 und T6 wurden die Bewehrungsquerschnitte über dem Lager B auf die Hälfte reduziert. Die Träger T5 und T6 wurden mit in Verbund wirkenden Mehrlitzenkabeln vorgespannt, die jeweils einen Teil der schlaffen Bewehrung ersetzten. Die Biegewiderstände dieser Träger entsprachen ungefähr denjenigen der Träger T2 und T3.

Träger	T1	T2	T3	T4	T5	T6
Biegebewehrung beim Lager B, $A_s^{(-)}$ [mm^2]	7025		3645	7025	3645	1975
Biegebewehrung im Feld, $A_s^{(+)}$ [mm^2]	3040				630	1420
Abstufung der Längsbewehrung	ja			nein	ja	
Vorspannung, A_p [mm^2]	0				1043	596
Neigung der Betondruckdiagonalen	43°	25°				

Tabelle 1.1: Versuchsprogramm und Bemessungsparameter.

Querschnittsabmessungen, Spannweitenverhältnisse sowie Belastungs- und Messeinrichtungen wurden bei allen Versuchen beibehalten.

2 Versuchsträger

2.1 Abmessungen und Bewehrung

2.1.1 Geometrie der Träger

Die Abmessungen der Träger gehen aus **Bild 2.1** hervor. Um aussagekräftige Resultate zu erhalten, die gut auf wirkliche Tragwerke übertragen werden können, wurde die Grösse der Versuchskörper an realen Bauteilen orientiert. Obere Grenzen ergaben sich durch die Kapazität der Versuchseinrichtung und die Überschaubarkeit der Messwerterfassung.

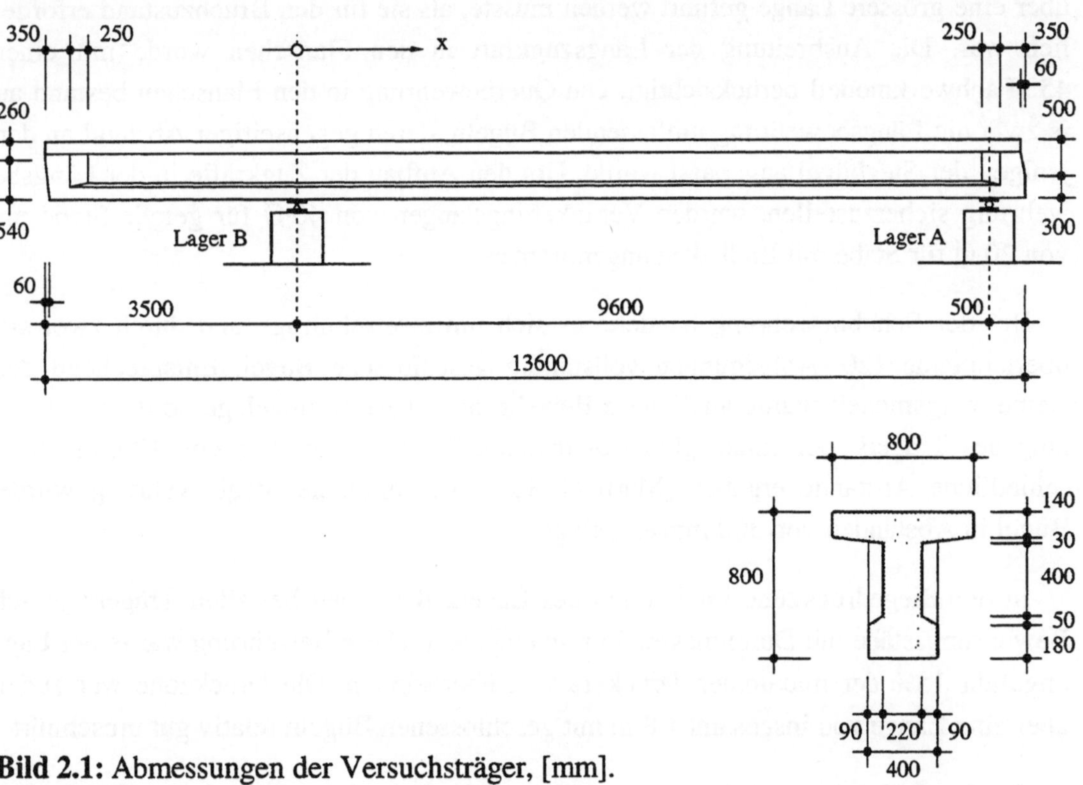

Bild 2.1: Abmessungen der Versuchsträger, [mm].

Bezieht man die Abmessungen auf einen vergleichbaren Durchlaufträger, so ergibt sich ein Verhältnis von Trägerhöhe / Spannweite von ungefähr 16, eine im Brücken- und Hochbau übliche Schlankheit. Mit den gewählten Spannweiten war es zudem möglich, alle aufzubringenden Kräfte direkt und ohne Längsverteilträger im Aufspannboden zu verankern. Die Flansch- und Stegdimensionen ergaben sich aus den Erfordernissen der Bemessung und aus dem Platzbedarf für die Bewehrung. Um jeweils die gleiche Schalung verwenden zu können, wurden die Stirnflächen bei allen Trägern, angepasst an die Spanngliedgeometrie, mit einer Abschrägung ausgeführt.

2.1.2 Bewehrung

Die Bemessung der Träger erfolgte auf der Grundlage einfacher Spannungsfelder [Muttoni et al. (1989)], wobei die Ermittlung der Steg- und Gurtkräfte anhand entsprechender Fachwerkmodelle vorgenommen wurde. Der Abstand der beiden Gurte wurde zu $z = 640$ mm und über die Länge konstant angenommen. Bei den vorgespannten Trägern wurden die Fachwerkmodelle um die Spannglieder und entsprechende diagonale Abstützungen erweitert. Die initiale Wirkung der Vorspannung wurde durch die Anker- und Umlenkkräfte berücksichtigt.

Mit der Abstufung der Längsbewehrung wurde versucht, dem Verlauf der Gurtkräfte möglichst exakt zu folgen. Speziell zu beachten war dabei, dass im Bereich des negativen Momentes die Hauptbewehrung für die Beanspruchungen vor der Kraftumlagerung über eine grössere Länge geführt werden musste, als sie für den Bruchzustand erforderlich war. Die Ausbreitung der Längszugkraft in den Flanschen wurde mit einem 45°-Fachwerkmodell berücksichtigt. Die Querbewehrung in den Flanschen bestand aus je zwei die Längsbewehrung umfassenden Bügeln, deren gegenseitiger Abstand an denjenigen der Stegbügel angepasst wurde. Um den Aufbau der Zugkräfte in der Längsbewehrung sicherzustellen, wurden Verankerungslängen von 40·Ø für gerade Stäbe und von 20·Ø für Stäbe mit Endhaken angenommen.

Bei der Schubbewehrung handelte es sich um zweischnittige und durch zwei sich überlappende 120°-Abbiegungen vollständig geschlossene Bügel. Entsprechend dem Bemessungsmodell wurde auch diese Bewehrung abgestuft eingelegt, so dass sich entlang des Trägers, bei einem gleich bleibenden Bügeldurchmesser von 12 mm, unterschiedliche Abstände ergaben [Marti (1986)]. Als minimale Stegbewehrung wurden Bügel in Abständen von 300 mm eingelegt.

In der Biegedruckzone im Bereich des Lagers B wurden bei allen Trägern je acht Bewehrungsstäbe mit Durchmesser 14 mm eingelegt. Diese Bewehrung war in der Lage, ungefähr 15% der maximalen Druckkraft zu übernehmen. Die Druckzone war zudem über eine Länge von insgesamt 1.8 m mit geschlossenen Bügeln relativ gut umschnürt.

Die Betonüberdeckung der äusseren Bewehrungslagen betrug 20 mm; als Distanzhalter wurden Betonklötzchen verwendet. Die Bewehrung wurde mit Stahldrähten gebunden, so dass keine Schweissungen erforderlich waren.

Die Bewehrungsanordnung kann den **Bildern 2.2** bis **2.7** entnommen werden.

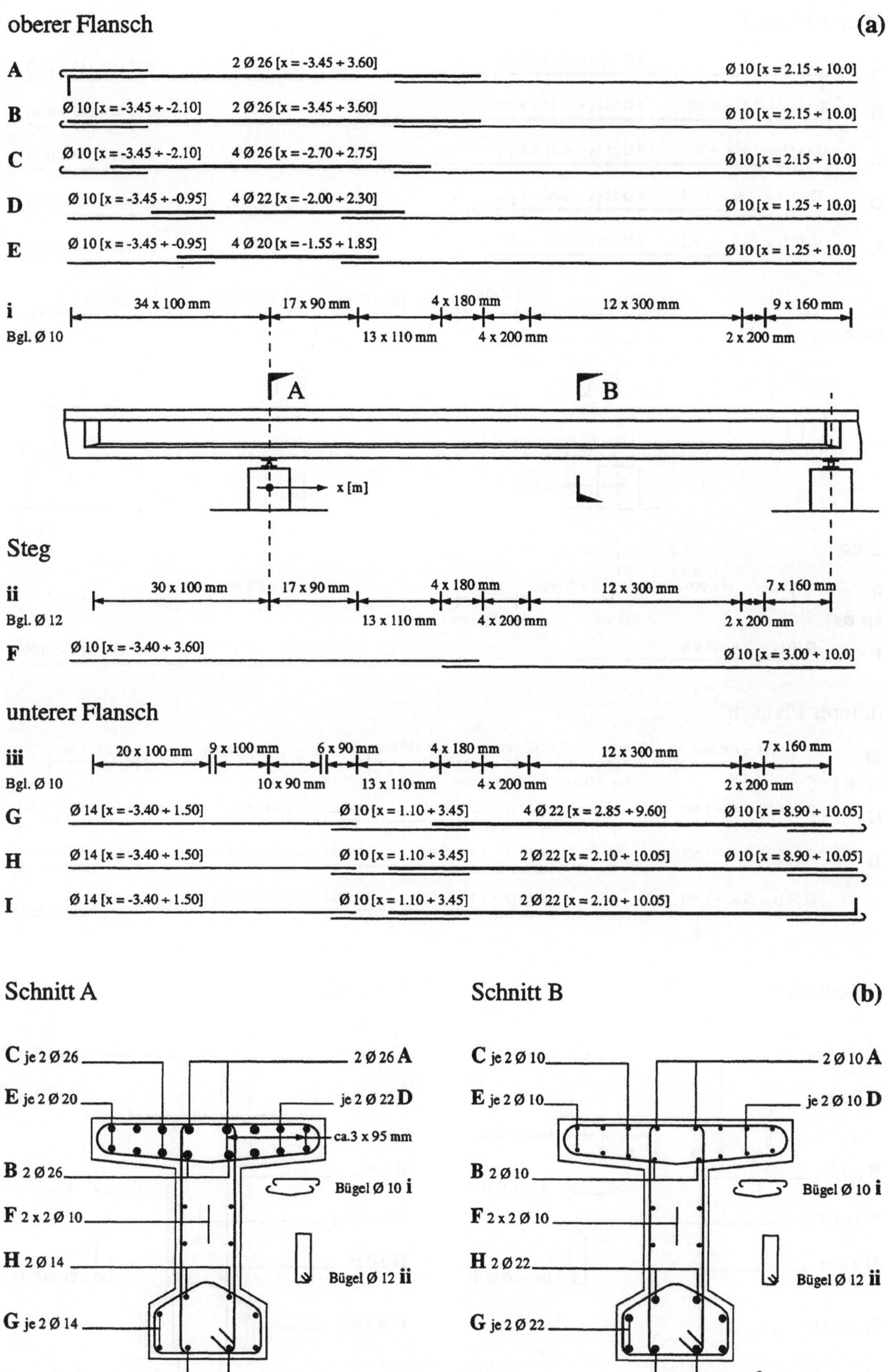

Bild 2.2: Träger T1: **(a)** Hauptbewehrung; **(b)** Querschnitte.

oberer Flansch (a)

A 2 Ø 26 [x = -3.45 ÷ 3.90]   Ø 10 [x = 2.45 ÷ 10.0]

B Ø 14 [x = -3.45 ÷ -2.30]   2 Ø 26 [x = -3.45 ÷ 3.90]   Ø 10 [x = 2.45 ÷ 10.0]

C Ø 14 [x = -3.45 ÷ -2.30]   4 Ø 26 [x = -3.15 ÷ 3.05]   Ø 10 [x = 2.45 ÷ 10.0]

D Ø 10 [x = -3.45 ÷ -1.35]   4 Ø 22 [x = -2.60 ÷ 2.40]   Ø 10 [x = 1.55 ÷ 10.0]

E Ø 10 [x = -3.45 ÷ -1.35]   4 Ø 20 [x = -1.95 ÷ 2.15]   Ø 10 [x = 1.55 ÷ 10.0]

i   51 x 100 mm | 8 x 125 mm | 20 x 150 mm | 3 x 300 mm | 22 x 150 mm
Bgl. Ø 10

A   B   x [m]

Steg

ii   14 x 200 mm | 8 x 200 mm | 23 x 300 mm
Bgl. Ø 12   300 mm   4 x 250 mm

F Ø 10 [x = -3.40 ÷ 3.60]   Ø 10 [x = 3.00 ÷ 10.0]

unterer Flansch

iii   20 x 100 mm | 9 x 100 mm | 7 x 100 mm | 10 x 150 mm | 13 x 300 mm | 10 x 150 mm
Bgl. Ø 10   9 x 100 mm   8 x 125 mm

G Ø 14 [x = -3.40 ÷ 1.50]   Ø 10 [x = 1.10 ÷ 2.90]   4 Ø 22 [x = 2.30 ÷ 9.75]   d = 14 [x = 8.90 ÷ 10.05]

H Ø 14 [x = -3.40 ÷ 1.50]   Ø 10 [x = 1.10 ÷ 2.90]   2 Ø 22 [x = 1.80 ÷ 10.05]   d = 14 [x = 8.90 ÷ 10.05]

I Ø 14 [x = -3.40 ÷ 1.50]   Ø 10 [x = 1.10 ÷ 2.90]   2 Ø 22 [x = 1.80 ÷ 10.05]

Schnitt A   Schnitt B (b)

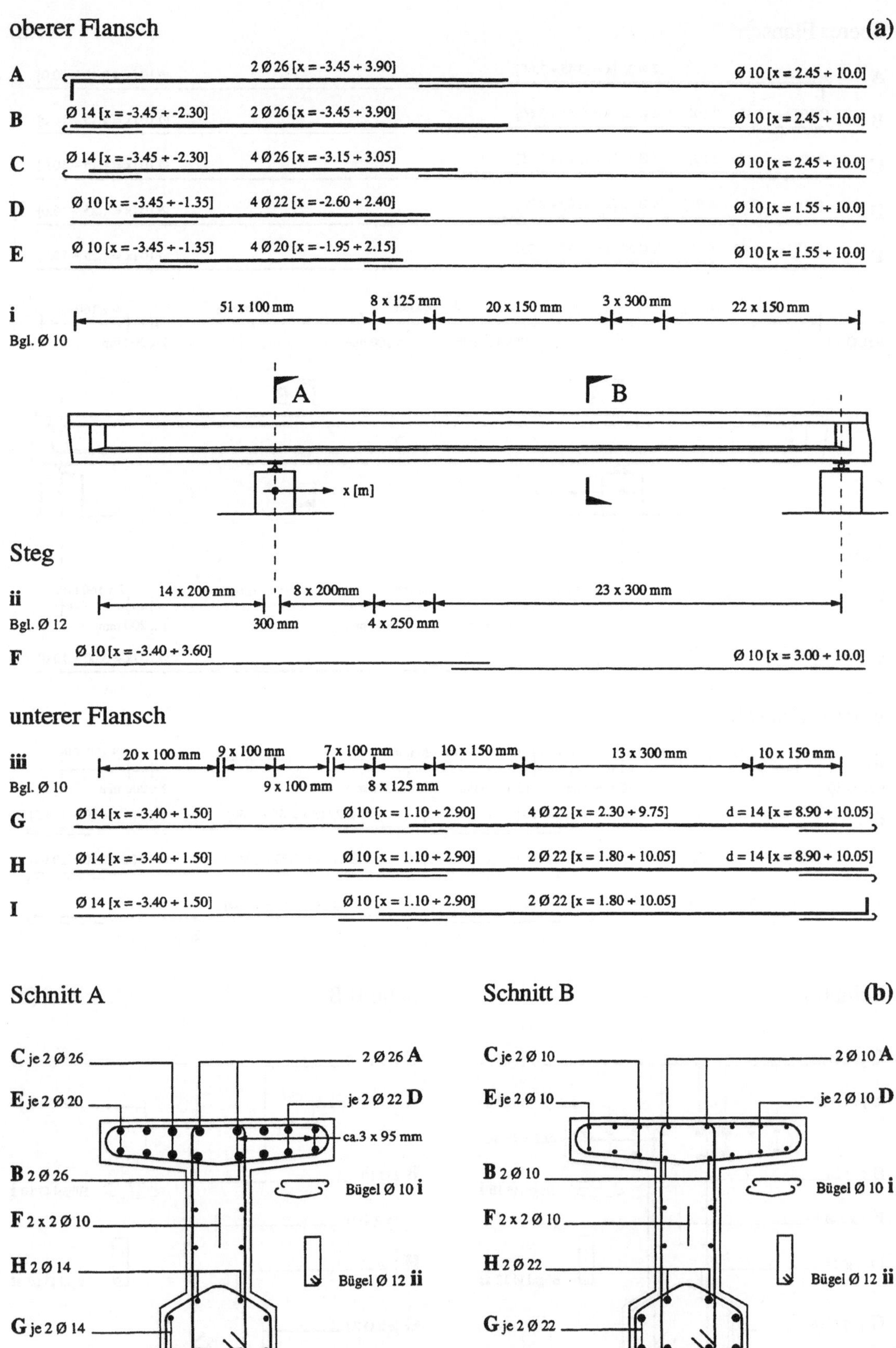

Bild 2.3: Träger T2: **(a)** Hauptbewehrung; **(b)** Querschnitte.

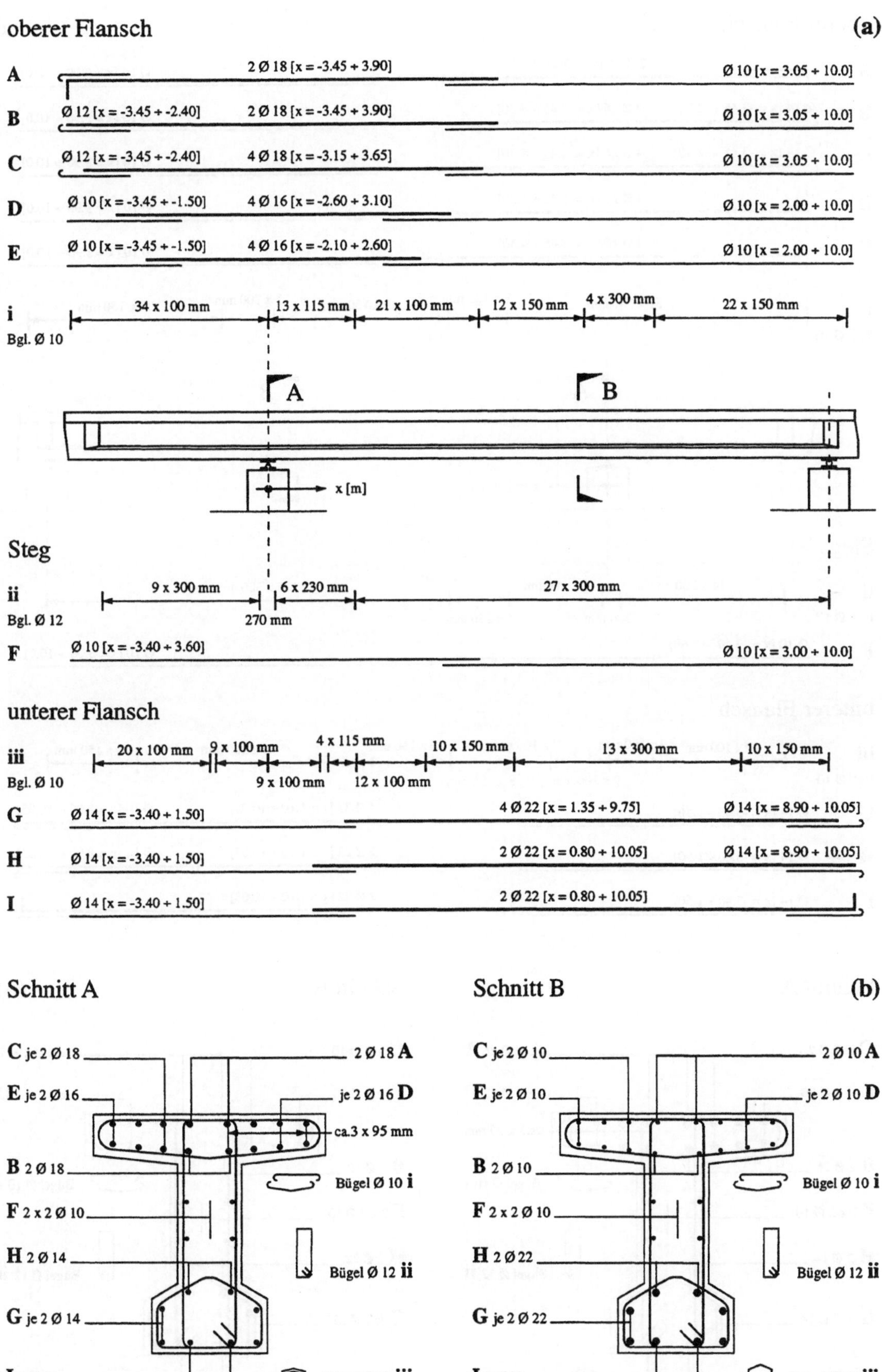

Bild 2.4: Träger T3: **(a)** Hauptbewehrung; **(b)** Querschnitte.

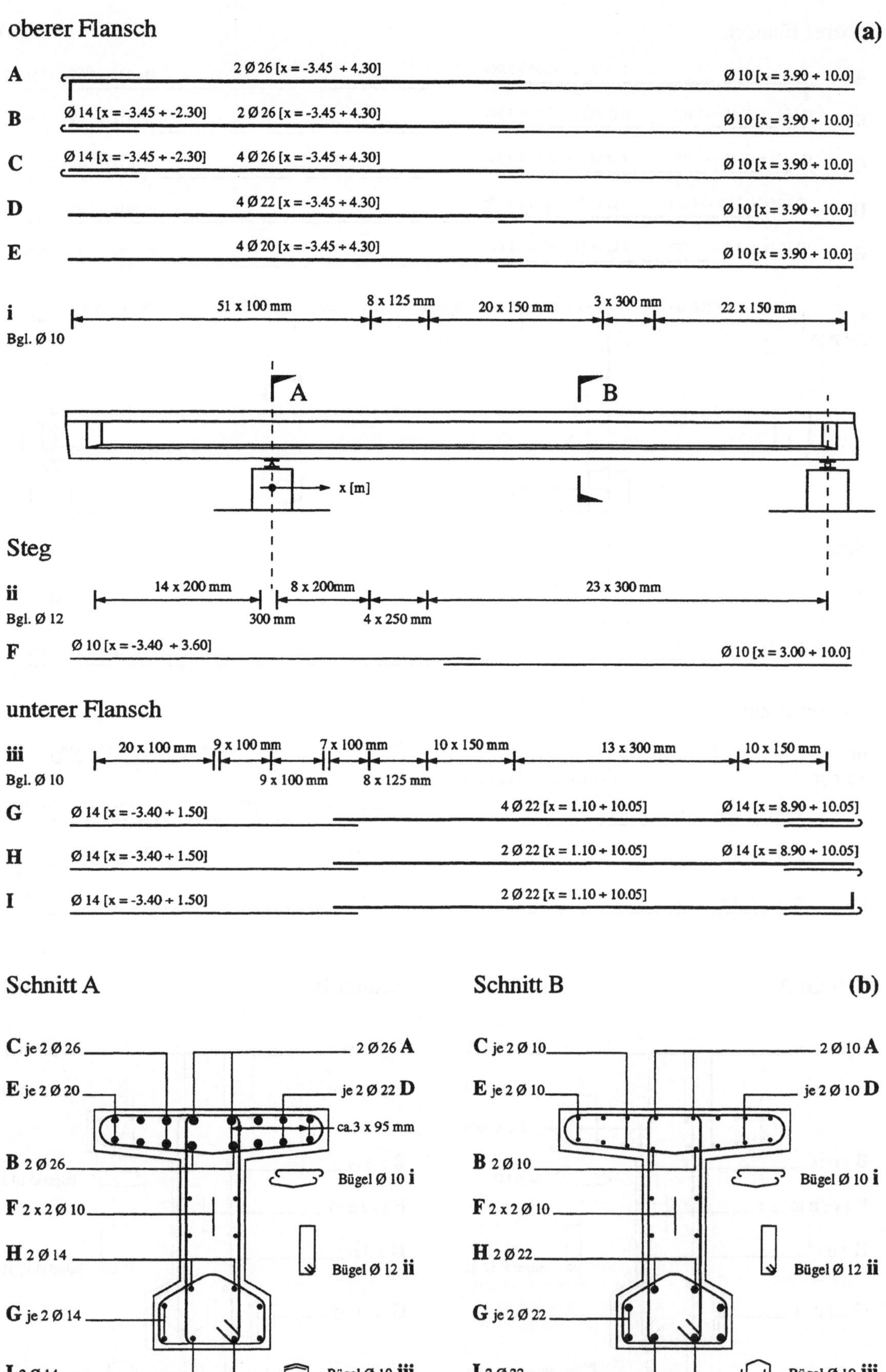

Bild 2.5: Träger T4: **(a)** Hauptbewehrung; **(b)** Querschnitte.

oberer Flansch (a)

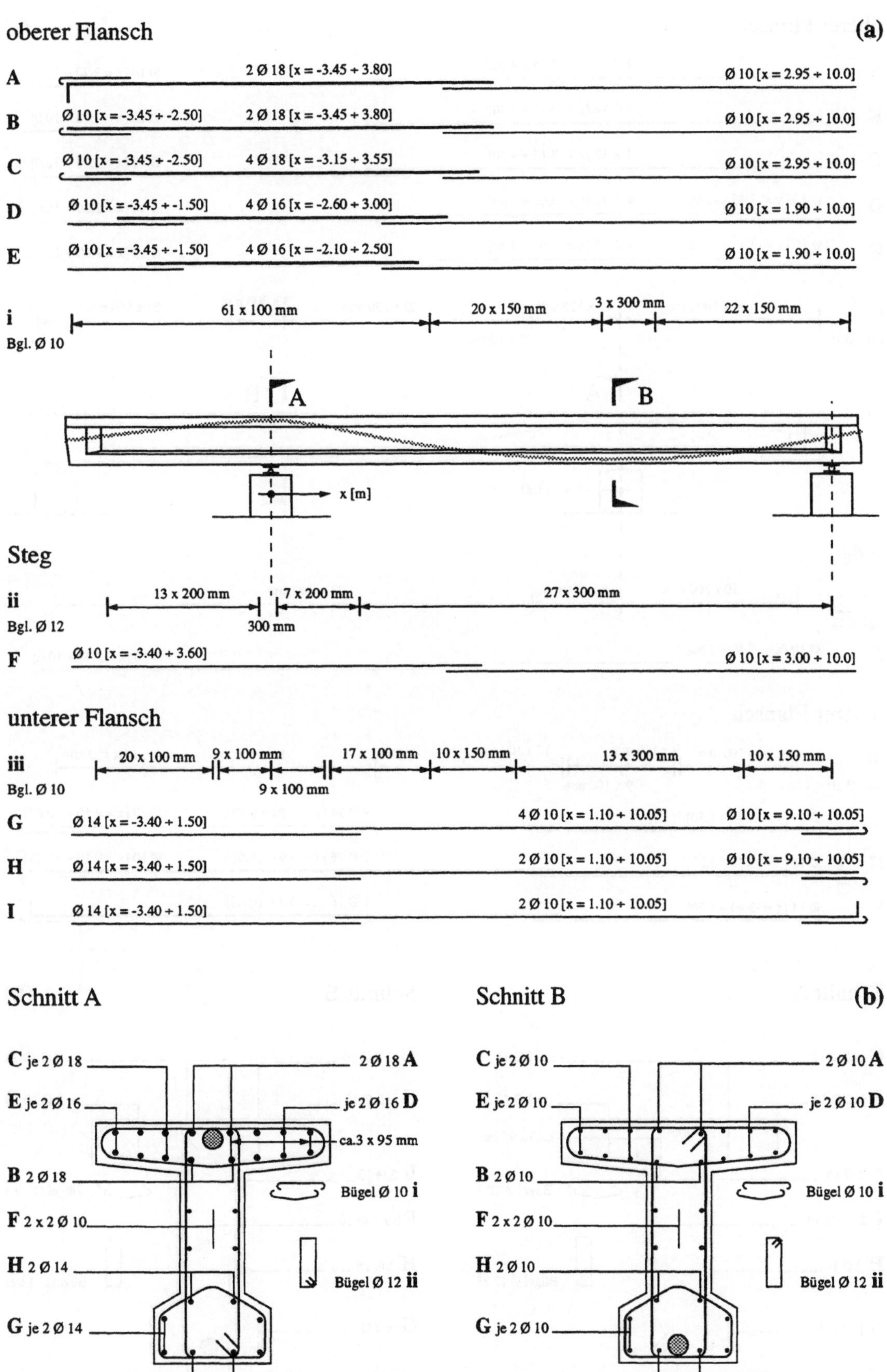

Bild 2.6: Träger T5: **(a)** Hauptbewehrung; **(b)** Querschnitte.

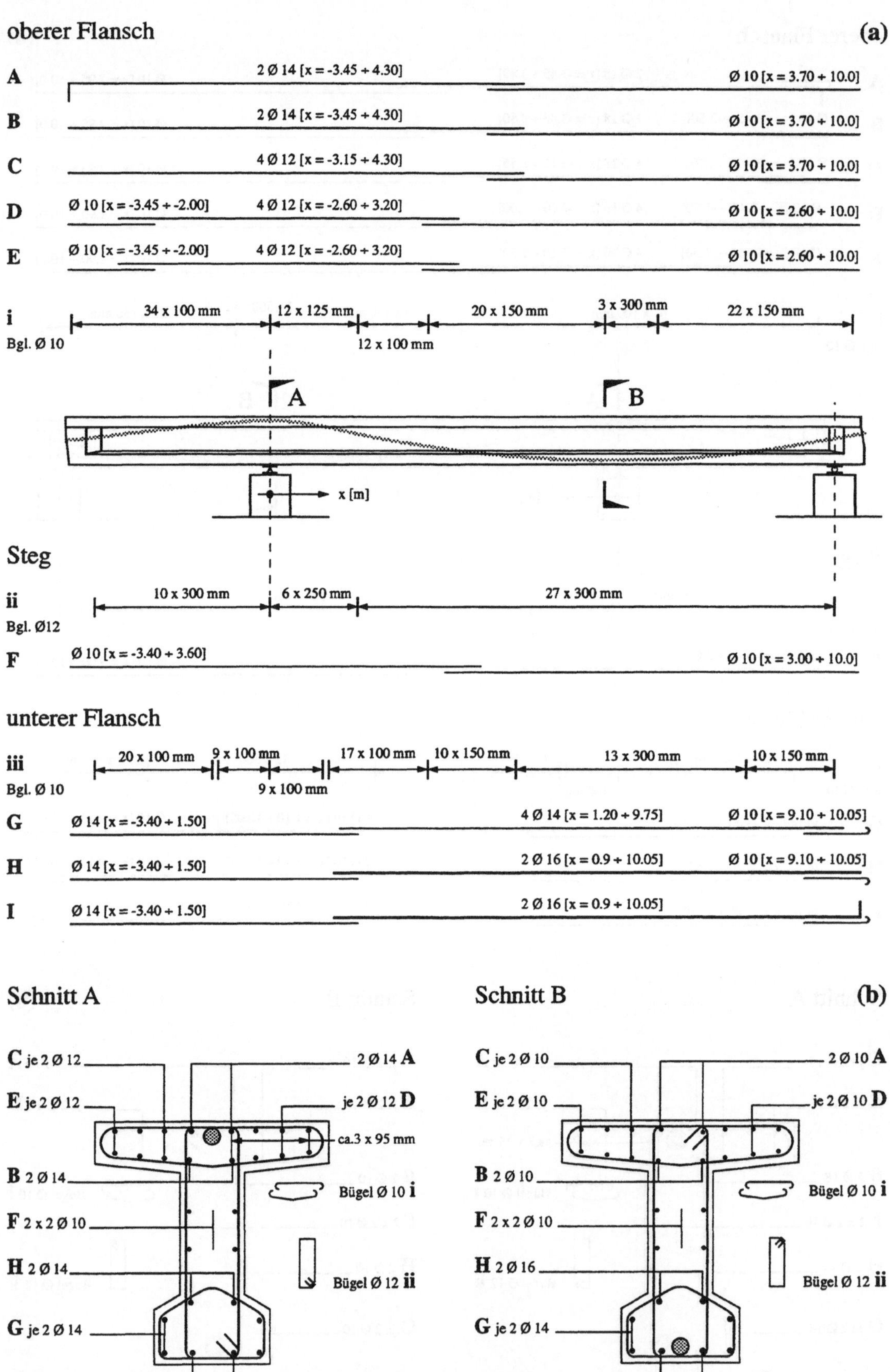

Bild 2.7: Träger T6: **(a)** Hauptbewehrung; **(b)** Querschnitte.

2.1.3 Kabelgeometrie

Bei den Spanngliedern der Träger T5 und T6 handelte es sich um VSL Mehrlitzenkabel [VSL (1989)] mit Stahlquerschnitten von 1043 mm² bzw. 596 mm² (7 bzw. 4 Litzen Ø 0.6″). Der Kabelverlauf folgte im wesentlichen der Momentenbeanspruchung und bestand somit aus einer Abfolge von Parabeln und Geraden (**Bilder 2.8** und **2.9**).

Kabel 6-7 (mittlere initiale Vorspannkraft V_{om} = 1280 kN)

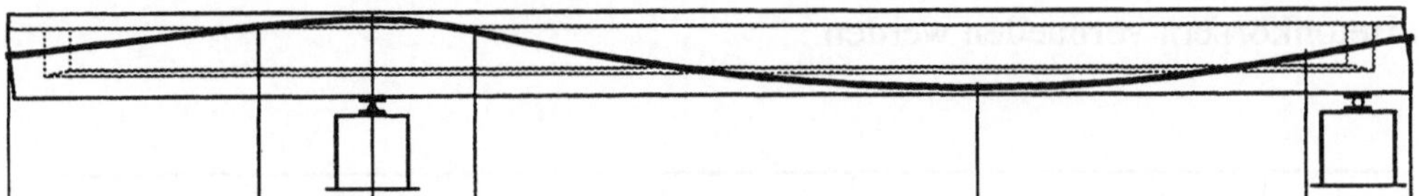

	Gerade	Parabel	Parabel	Parabel	Parabel	Gerade
(a)	2.41	1.09	1.0	4.9	3.2	1.0

(b)	404	674	735	620	65	348	525

Bild 2.8: Kabelgeometrie Träger T5: **(a)** Elementlängen [m]; **(b)** Distanzen zwischen der Unterkante des Trägers und der Kabelachse, [mm].

Sowohl beim Träger T5 wie auch beim Träger T6 übernahm die Vorspannung über dem Lager B im Bruchzustand ungefähr 50% der Biegezugkraft. Im Feld betrug dieser Anteil beim Träger T5 ungefähr 85%, und beim Träger T6 ungefähr 60%. Die Verankerung der Kabel erfolgte beidseitig mit VSL Typ E Ankern. Als Ummantelung der Litzen wurden konventionelle Stahlhüllrohre verwendet, die nachträglich mit Injektionsgut verfüllt wurden. Auch bei diesen Trägern wurde die zusätzliche schlaffe Bewehrung über die Länge abgestuft.

Kabel 6-4 (mittlere initiale Vorspannkraft V_{om} = 730 kN)

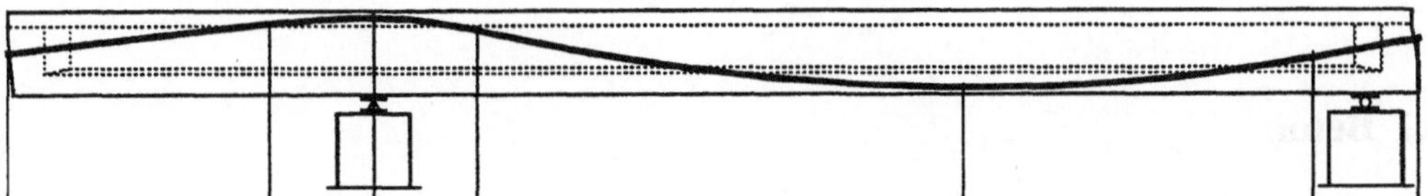

	Gerade	Parabel	Parabel	Parabel	Parabel	Gerade
(a)	2.5	1.0	1.0	4.7	3.4	1.0

(b)	404	684	740	620	60	373	525

Bild 2.9: Kabelgeometrie Träger T6: **(a)** Elementlängen [m]; **(b)** Distanzen zwischen der Unterkante des Trägers und der Kabelachse, [mm].

2.2 Herstellung

Die Träger wurden im Vorfabrikationswerk der Firma Stüssi AG, Dällikon, in einer eigens dafür gefertigten Holzschalung hergestellt. In der Regel konnte die Bewehrung innerhalb von anderthalb Tagen zu Körben gebunden und in die Schalung eingelegt werden. Anschliessend wurden die Träger in einem Guss betoniert, wofür insgesamt drei Betonchargen benötigt wurden. Der Beton wurde mit Hilfe von Schalungsrüttlern und Vibriernadeln verdichtet. Das Herstellungsprogramm kann der **Tabelle 2.1** entnommen werden. Trotz der relativ kurzen Ausschalfrist von einem Tag, konnten Risse in den jungen Betonkörpern vermieden werden.

Träger	Betonierdatum	Transport an die ETH	Versuchsbeginn
T1	1.7.1992	10.7.1992	19.8.1992
T2	3.7.1992	18.8.1992	15.9.1992
T3	14.7.1992	15.9.1992	30.9.1992
T4	17.7.1992	29.9.1992	21.10.1992
T5	7.7.1992	20.10.1992	24.11.1992
T6	10.7.1992	20.10.1992	7.12.1992

Tabelle 2.1: Termine im Versuchsablauf.

Nach dem Ausschalen wurden die Träger zusammen mit den parallel dazu hergestellten Betonprüfkörpern bis zum Abtransport im Freien gelagert und während der ersten zwei bis drei Tage durch wiederholtes Abspritzen feucht gehalten.

2.3 Baustoffe

2.3.1 Beton

Die Zusammensetzung und die Eigenschaften des Frischbetons waren für alle Versuchskörper ungefähr gleich. Die wichtigsten Angaben zur Betonherstellung sind in der **Tabelle 2.2** aufgeführt.

Als Zuschlag wurde rolliger Kiessand mit Korngrössen von 0 bis 16 mm verwendet. Die Korngrössenverteilung kann dem **Bild 2.10** entnommen werden. Der Anteil an feinem Sand < 0.5 mm betrug ungefähr 20 %. Im Absetzversuch konnte zudem festgestellt werden, dass der Gehalt an Feinstanteilen etwas hoch lag. Der eher grosse Anteil an feinen und feinsten Bestandteilen führte zu einem leicht erhöhten Wasseranspruch der Mischung, die Korngrössenverteilung lag aber dennoch in einem üblichen Bereich.

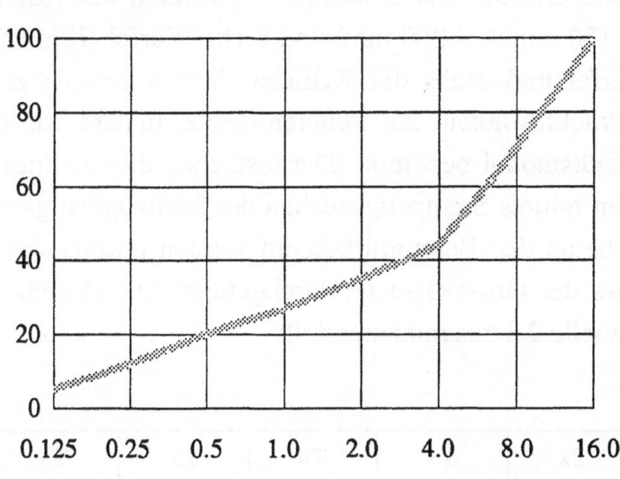

Bild 2.10: Korngrössenverteilung des Kiessandes.

Als Bindemittel wurde hochwertiger Portlandzement (Wildegger Zement) in einer Dosierung von $350\,kg/m^3$ verwendet. Die Wasserbeigabe erfolgte aufgrund eines geschätzten mittleren Feuchtegehaltes der Zuschläge von 3 %, was dazu führte, dass der Wassergehalt des Frischbetons von Träger zu Träger etwas variierte.

Träger	T1	T2	T3	T4	T5	T6
Kiessand (trocken) [kg/m^3]	1910	1910	1920	1910	1910	1910
Wasser [kg/m^3]	185	192	196	192	171	171
Zement [kg/m^3]	350	350	350	350	350	350
W/Z-Wert [–]	0.53	0.55	0.56	0.55	0.49	0.49
Verdichtungsmass nach Walz [–]	1.25	1.24	1.21	1.25	1.32	1.30
Konsistenz	plastisch	plastisch	plastisch	plastisch	steif	steif

Tabelle 2.2: Zusammensetzung und Eigenschaften des Frischbetons.

Der Beton wurde in einem horizontalen Zwangsmischer gemischt, und die Kies-, Wasser- und Zementbeigabe erfolgte mittels handgesteuerter Waagen. Es war dabei festzustellen, dass die ersten Betonchargen (unterer Flansch) jeweils etwas trockener ausfielen als die letzten. Die in der Tabelle angegebenen Werte sind daher als Mittelwerte zu verstehen. Die Konsistenz des Frischbetons wurde an Proben aus der ersten und der letzten Betoncharge jedes Trägers überprüft. Zusätzlich wurde an jedem Betoniertag der W/Z-Wert der eingebrachten Betonmischung mittels Trocknung bestimmt.

Zur Ermittlung der Festigkeitswerte und des Elastizitätsmoduls wurden mit jedem Träger insgesamt zwölf Zylinder (Ø 150 mm, h = 300 mm) und sechs Würfel (Kantenlänge 200 mm) hergestellt. Die Würfel und sechs der Zylinder dienten jeweils zur Bestimmung der einachsigen Betondruckfestigkeit. An weiteren drei Zylindern wurde neben der Festigkeit auch der Elastiztätsmodul bestimmt. Die restlichen drei Zylinder wurden in Hälften zersägt, an welchen mittels Stempelversuchen die Spaltzugfestigkeit ermittelt werden konnte. Die Versuche an den Betonprüfkörpern wurden jeweils während oder unmittelbar nach Abschluss der Grossversuche durchgeführt. Die Resultate dieser Untersuchungen sind in der **Tabelle 2.3** zusammengestellt.

Träger	**T1**	**T2**	**T3**	**T4**	**T5**	**T6**
Alter des Betons [d]	54	80	83	101	146	154
Rohdichte ρ [kg/m³]	2408	2400	2427	2410	2433	2409
Würfeldruckfestigkeit f_{cw} [MPa]	57.0 ± 2.0	56.5 ± 3.8	59.1 ± 3.9	53.3 ± 2.9	63.3 ± 5.7	58.9 ± 5.9
Zylinderdruckfestigkeit f_c [MPa]	46.5 ± 3.8	48.4 ± 3.3	47.8 ± 3.2	45.8 ± 3.1	54.2 ± 4.7	52.1 ± 3.7
Spaltzugfestigkeit f_{cts} [MPa]	4.15 ± 0.22	4.26 ± 0.24	4.32 ± 0.24	3.93 ± 0.14	4.59 ± 0.45	4.30 ± 0.31
Bruchstauchung ε_{cu} [‰]	1.86	1.69	1.64	1.67	1.80	1.63
Elastizitätsmodul E_c [GPa]	43.3	46.9	51..2	47.4	52.3	50.2

Tabelle 2.3: Ergebnisse der Versuche an den Betonprüfkörpern (Mittelwerte und Standardabweichungen).

Die Versuche an den Betonprüfkörpern wurden, mit Ausnahme derjenigen zur Bestimmung der Elastizitätsmoduli, kraftgesteuert durchgeführt. Bei der Ermittlung der Druckfestigkeiten betrug die Belastungsgeschwindigkeit für die Würfel und die Zylinder 0.3 MPa/s. In den verformungsgesteuerten Versuchen zur Bestimmung des Elastizitätsmoduls betrug die Geschwindigkeit ungefähr 0.04 mm/min. In **Bild 2.11** sind die Spannungs-Stauchungs-Diagramme der jeweils drei Betonzylinder für die einzelnen Träger aufgetragen. Das Bruchverhalten war in der Regel ausgesprochen spröd, so dass auch in den verformungsgesteuerten Versuchen die Materialentfestigung nur teilweise aufgezeichnet werden konnte. Als Elastizitätsmodul des Betons wird in **Tabelle 2.3** der Sekantenmodul aus der Erstbelastung zwischen einer Unterspannung von 0 MPa und einer Oberspannung von einem Drittel der jeweiligen Zylinderdruckfestigkeit angegeben.

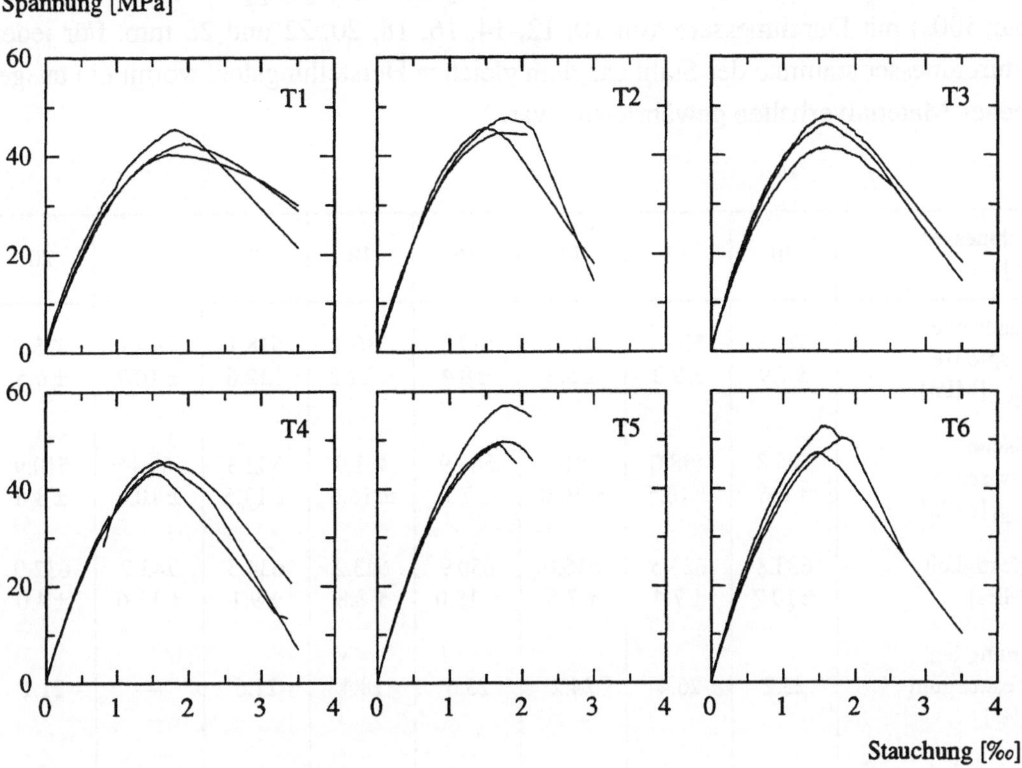

Bild 2.11: Spannungs-Stauchungs-Diagramme des Betons.

Die Stempelversuche wurden ebenfalls kraftgesteuert gefahren, wobei die Kraftzunahme bezogen auf die gesamte Querschnittsfläche 0.02 MPa/s betrug, was einem fiktiven Zugspannungszuwachs von ungefähr 0.5 MPa/min entspricht. Die Spaltzugfestigkeit kann näherungsweise mit der Beziehung (2.1) ermittelt werden.

$$f_{cts} = \frac{F_{max}}{\pi \left(1.2bh - a^2 \right)} \qquad (2.1)$$

Bild 2.12: Stempelversuch.

Dabei bezeichnet F_{max} die Stempelkraft beim Bruch des Körpers. Die weiteren Bezeichnungen können dem **Bild 2.12** entnommen werden. Ausführlicheres zum Stempelversuch findet man bei Marti (1989).

2.3.2 Betonstahl

In der **Tabelle 2.4** sind die Kennwerte des verwendeten Betonstahls zusammengestellt. Es handelte sich dabei um aus der Walzhitze vergütete und gerippte Bewehrungsstäbe (Topar 500s) mit Durchmessern von 10, 12, 14, 16, 18, 20, 22 und 26 mm. Für jeden Stabdurchmesser stammte der Stahl aus dem gleichen Herstellungslos, womit ein ausgeglichenes Materialverhalten gewährleistet war.

Durchmesser [mm]	10	12	14	16	18	20	22	26
Dynamische Fliessgrenze $f_{sy(dyn)}$ [MPa]	521.3 ±7.9	514.8 ±9.3	499.7 ±5.3	517.5 ±8.4	510.1 ±12.2	518.1 ±12.6	580.4 ±10.7	525.5 ±6.5
Statische Fliessgrenze $f_{sy(stat)}$ [MPa]	505.8 ±6.6	498.0 ±10.5	481.9 ±10.0	504.9 ±7.7	491.7 ±16.6	502.3 ±13.5	563.1[1] ±10.4	510.9 ±8.6
Zugfestigkeit f_{st} [MPa]	633.8 ±10.2	623.5 ±7.4	616.0 ±2.5	650.9 ±15.0	643.2 ±8.8	634.5 ±9.1	743.7 ±13.6	632.9 ±4.0
Dehnung bei Verfest.beginn ε_{sv} [‰]	23.2	26.4	24.2	23.6	18.4	21.6	—	21.1
Gleichmassdehnung ε_{sg} [‰]	129	144	132	127	145	128	105	139
Elastizitätsmodul E_s [GPa]	205.4 ±2.8	197.2 ±0.8	197.6 ±3.2	202.8 ±1.3	197.8 ±2.9	197.2 ±3.6	194.7 ±1.0	196.7 ±0.9

Tabelle 2.4: Festigkeiten und Elastizitätsmoduli des Betonstahles (Mittelwerte und Standardabweichungen).

1) 0.2%-Dehngrenze.

Zur Bestimmung der Festigkeiten standen von jedem Stabdurchmesser fünf Probestücke zur Verfügung. Diese wurden in einer servohydraulischen Prüfmaschine weggesteuert geprüft. Die freie Prüflänge betrug 750 mm. Ausser den Kräften wurden auch der Kolbenweg der Prüfmaschine und die Stahldehnungen, welche mittels einer Feindehnungsmessung über eine Basis von 100 mm gemessen wurden, aufgezeichnet. Die Prüfgeschwindigkeit betrug anfänglich 0.03 mm/s und wurde bei Beginn der Stahlverfestigung verzehnfacht. **Bild 2.13** zeigt die für die Stäbe Ø 16 mm gemessenen Last-Verformungs-Kurven. Die statischen Fliessgrenzen wurden aus den Kräften berechnet, die nach zwei Minuten konstant gehaltener Verformung gemessen wurden.

Mit Ausnahme der Stäbe Ø 22 mm zeigten alle Proben das für diese Stahlsorte typische dreiphasige Verformungsverhalten. Bei den Stäben Ø 22 mm (**Bild 2.14**) entsprach das Last-Verfomungs-Verhalten demjenigen eines kaltverformten Stahls. In diesem Fall ist in der **Tabelle 2.4** anstelle der Fliessspannung die 0.2%-Dehngrenze angegeben.

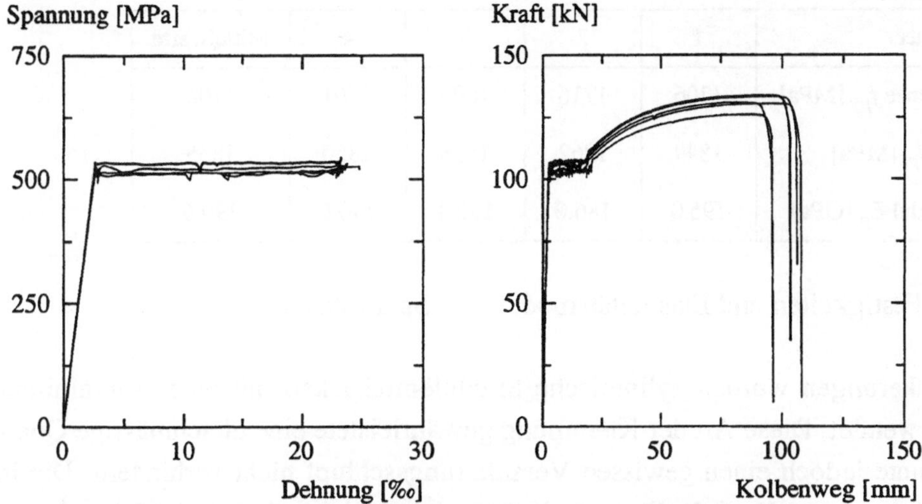

Bild 2.13: Last-Verformungs-Diagramme des Betonstahls Ø 16 mm.

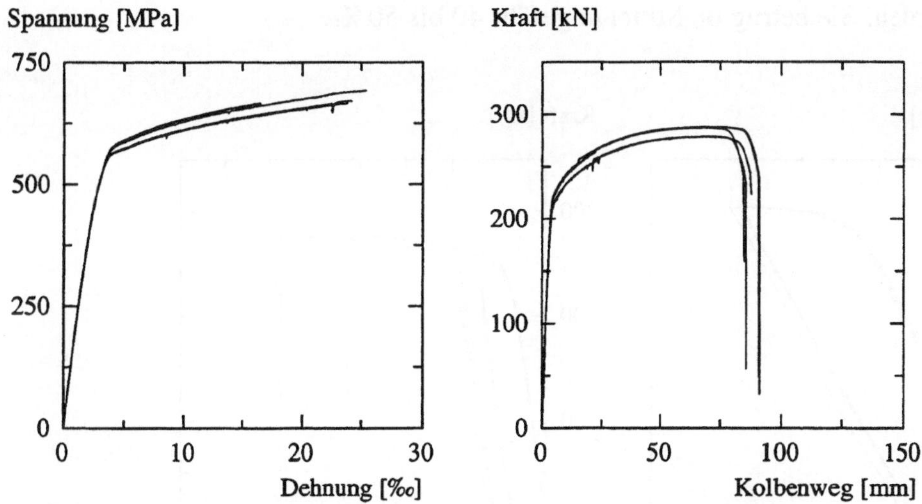

Bild 2.14: Last-Verformungs-Diagramme des Betonstahls Ø 22 mm.

2.3.3 Spannstahl

Die Materialkennwerte der verwendeten Litzen Ø 0.6″ sind in der **Tabelle 2.5** zusammengestellt. Die nominelle Querschnittsfläche der Litzen, welche mittels Wägung der Probestücke bestimmt wurde, betrug im Mittel 149.0 mm².

Die Festigkeitsprüfung umfasste vier Proben mit freien Prüflängen von 810 mm. Zur Ermittlung des Elastizitätsmoduls wurde, wie bereits bei der Betonstahlprüfung, ein Feindehnungsmessgerät mit einer Basislänge von 100 mm an den Prüfkörpern befestigt.

Die Prüfgeschwindigkeit betrug 0.04 mm/s. **Bild 2.15** zeigt die gemessenen Last-Verformungs-Kurven.

Proben-Nummer	1	2	3	4	Mittelwerte
0.2%-Dehngrenze f_{py} [MPa]	1706	1716	1699	1701	1706
Zugfestigkeit f_{pt} [MPa]	1849	1862	1858	1850	1855
Elastizitätsmodul E_p [GPa]	196.0	186.0	190.4	190.0	190.6

Tabelle 2.5: Festigkeiten und Elastizitätsmoduli des Spannstahls.

Als Verankerungen wurden zylindrische Stahlklemmbacken mit einer Aluminium-Futterung verwendet. Diese Art der Klemmung gewährleistete eine gleichmässige Querpressung, konnte jedoch einen gewissen Verankerungsschlupf nicht verhindern. Die in **Bild 2.15** aufgetragenen Kraft-Kolbenweg-Kurven zeigen daher den Verlauf des eigentlichen Verhaltens nur qualitativ und können nicht zur Bestimmung von Verformungskenngrössen benutzt werden. Insbesondere die Bruchdehnung kann daher lediglich geschätzt werden. Sie betrug im Mittel ungefähr 40 bis 50 ‰.

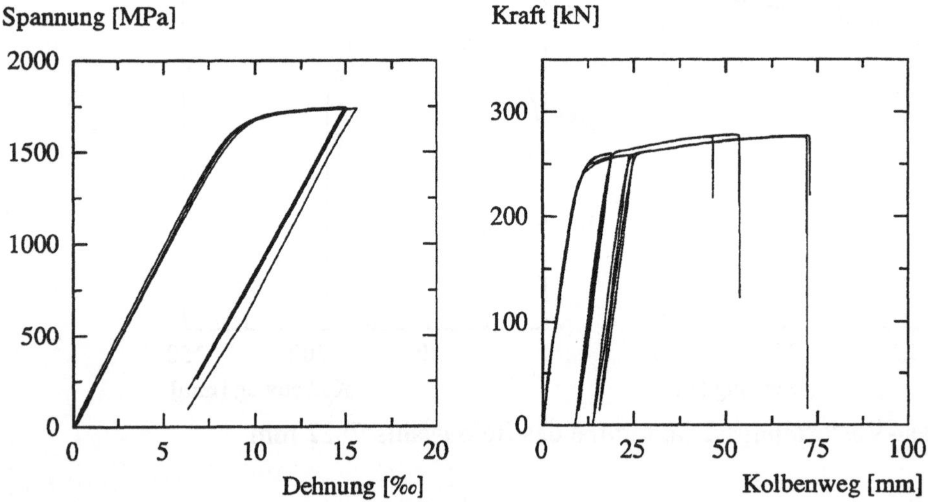

Bild 2.15: Last-Verformungs-Diagramme der Litzen Ø 0.6″.

3 Versuchsdurchführung

3.1 Versuchsanlage

In **Bild 3.1** ist der Versuchsaufbau mit der Belastungseinrichtung dargestellt. Die Lagerung der Träger erfolgte auf zwei Kipp-Gleitlagern, wobei dasjenige auf der Seite des Kragarms (Lager B) in horizontaler Richtung blockiert wurde. Die Abmessungen der Lagerplatten betrugen 250·300 mm.

Die verteilte Belastung wurde mit insgesamt sechzehn Zug-Pressen aufgebracht, die über den Öldruck des daran angeschlossenen Pendelmanometers gesteuert wurden. Auf der Trägervorderseite waren die Zug-Pressen über Kraftmessdosen mit Zugstangen verschraubt, welche im Aufspannboden verankert waren. Auf der Trägerrückseite wurden anstelle der Kraftmessdosen Kupplungsstücke eingesetzt. An den oberen Enden waren die Zug-Pressen gelenkig an die Stahlquerträger der acht Belastungsjoche angeschlossen. Die Querträger waren mit den darunterliegenden Verteilträgern verschraubt, welche die Lasten über je zwei Kipplager auf den Träger übertrugen.

Am freien Ende des Kragarms befand sich ein Stahl-Reaktionsrahmen, der mit vorgespannten Stangen im Aufspannboden verankert war. Daran war zentrisch über dem Träger eine Druck-Presse aufgehängt. Die Aufhängung erlaubte eine Verdrehung der Presse aus der Vertikalen in der Längsrichtung des Trägers von ungefähr $\pm\,3°$. Die Druck-Presse übertrug die Kraft über eine Kraftmessdose auf den Träger. Diese war auf ihrer Unterseite mit einem Kugel-Gelenk ausgestattet, und wurde mit einer Stahlplatte auf den Träger aufgesetzt. Die Druck-Presse wurde in einem servohydraulischen Regelkreis betrieben. Als Steuergrösse diente der interne Kolbenweg.

3.2 Messungen

3.2.1 Manuelle Messungen

Auf der Vorderseite der Träger wurden mit Setzdehnungsmessgeräten (Deformeter) die Verzerrungen auf der Betonoberfläche gemessen. Die Anordnung und Numerierung der manuellen Messungen kann den **Bildern 3.2** und **3.3** entnommen werden. Als Marken für das Aufsetzen der Messgeräte wurden aufgeklebte Aluminiumbolzen verwendet.

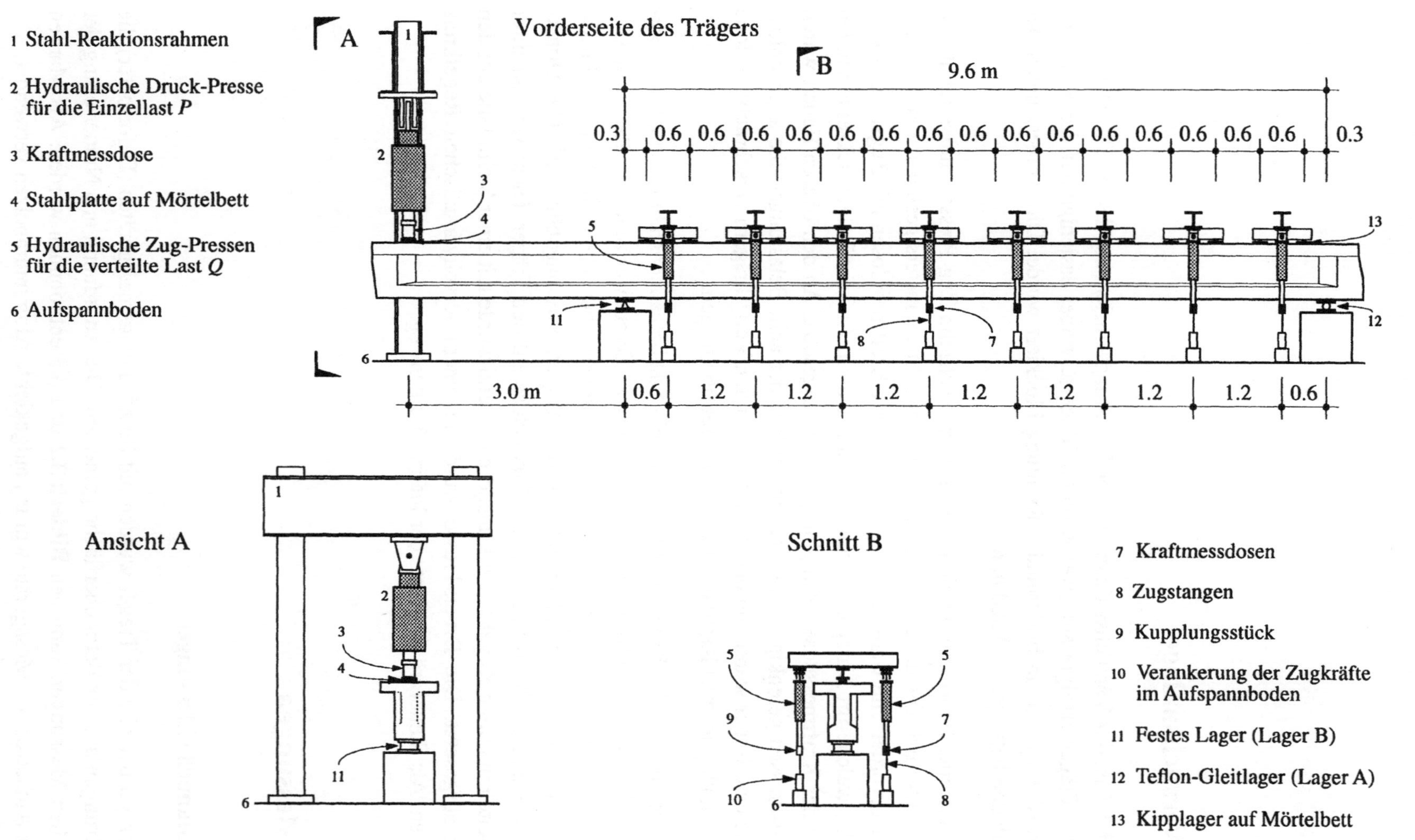

Bild 3.1: Schema der Versuchsanlage für die Träger T1 bis T6.

Die manuellen Messungen wurden bei jeder Laststufe durchgeführt, wobei während der Messwerterfassung jeweils die Verformungen des Trägers konstant gehalten wurden. Als Referenzmessung wurde eine am unbelasteten Träger ausgeführte Nullmessung benutzt. Es wurden drei verschiedene Messgeräte eingesetzt:

- Deformeter mit einer Basislänge von 300 mm; Messbereich ± 6 mm, Auflösungsvermögen 1 μm;

- Deformeter mit einer Basislänge von 150 mm; Messbereich ± 6 mm, Auflösungsvermögen 1 μm;

- Deformeter mit einer Basislänge von 424 mm; Messbereich ± 20 mm, Auflösungsvermögen 2 μm.

Die Messgeräte wurden mit Eichmessungen auf einem Invarstab regelmässig kontrolliert. Die Eichmessungen erfolgten innerhalb des normalen Messprogramms nach jeweils ungefähr 20 Messungen. Die Nummern der Messreihen stimmen mit denjenigen der unmittelbar vor diesen Reihen ausgeführten Eichmessungen überein. Die Numerierung wurde zudem so gewählt, dass sich die Nummern von zwei übereinanderliegenden, gleichartigen Messungen um 50 unterschieden. Pro Laststufe waren insgesamt 549 Messungen durchzuführen, was im Mittel zirka eine Stunde in Anspruch nahm.

Die Messgeräte waren über eine rechnergesteuerte Umschaltanlage mit dem Labor-Computer verbunden, der die in mechanische Grössen umgerechneten digitalen Signale zur Messüberwachung am Bildschirm anzeigte.

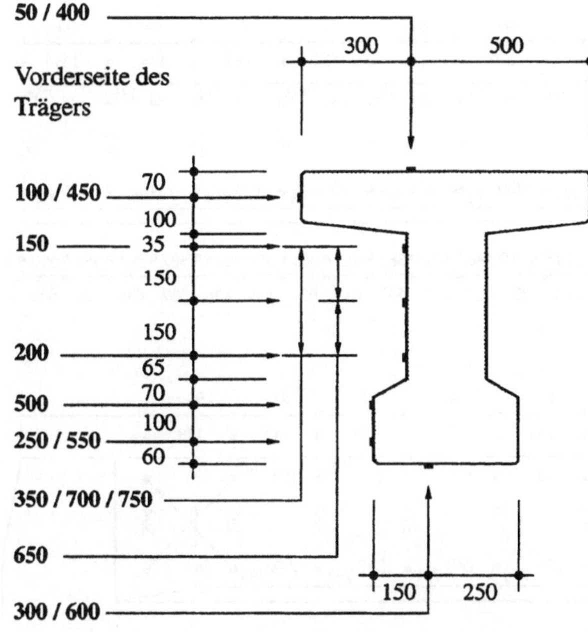

Reihe	Messungen	Richtung	Basis [mm]
50	50-55 66-93	horizontal	300
100	101-105 116-143	horizontal	300
150	151-193	horizontal	300
200	201-243	horizontal	300
250	251-255 267-277 287-293	horizontal	300
300	301-305 317-327 337-342	horizontal	300
350	351-394	vertikal	300
400	401-420	horizontal	150
450	451-470	horizontal	150
500	501-522	horizontal	150
550	551-572 575-592	horizontal	150
600	601-622 625-642	horizontal	150
650	651-684	vertikal	150
700	701-743	diagonal	424
750	751-793	diagonal	424

Bild 3.2: Lage der Messreihen, [mm].

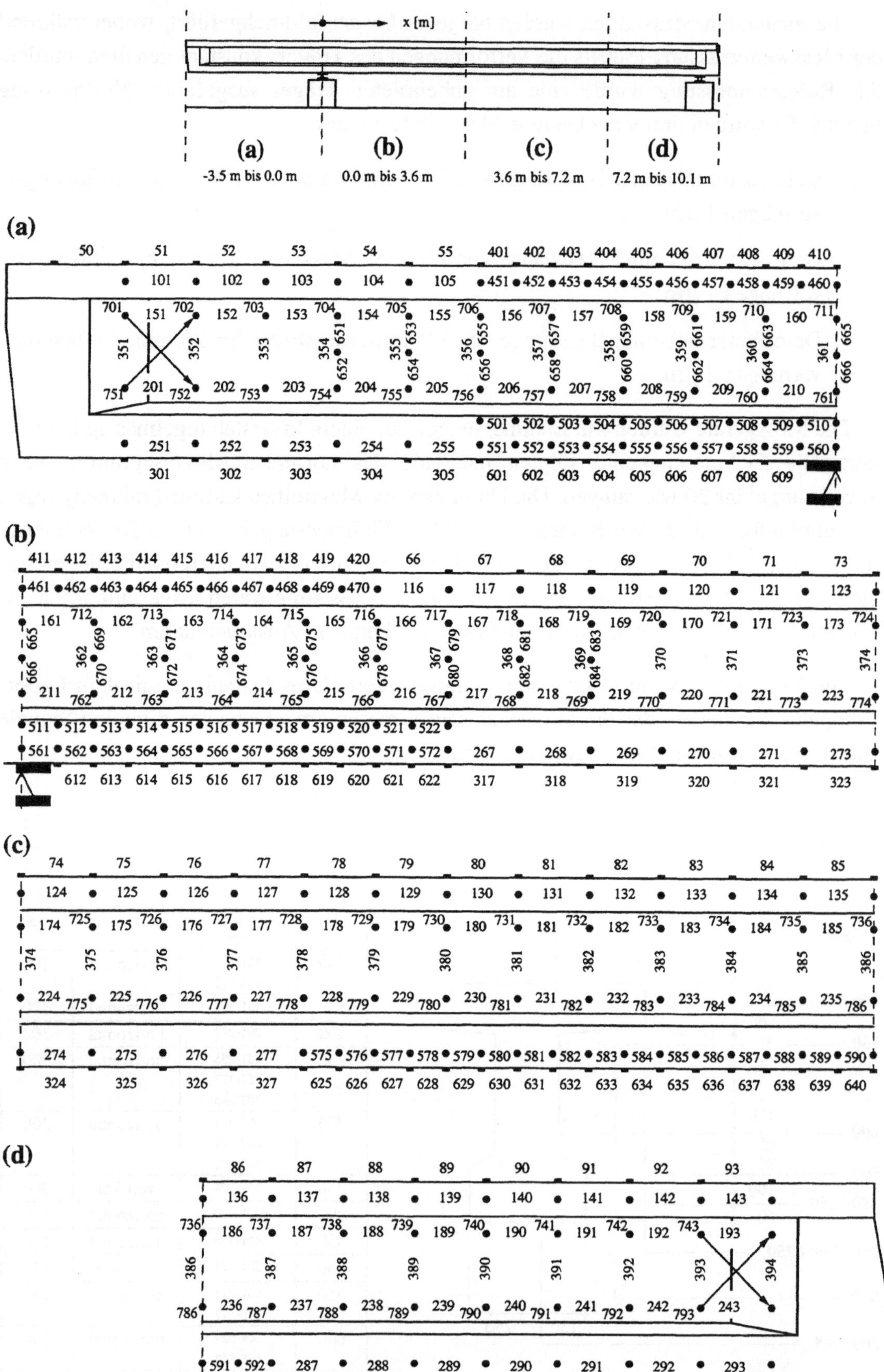

Bild 3.3: Anordnung und Numerierung der manuellen Messungen.

3.2.2 Fest verdrahtete Messungen

Zur kontinuierlichen Aufzeichnung der Verformungen und Lasten wurden insgesamt 27 fest verdrahtete Messstellen eingerichtet (**Bild 3.4**). Für die direkte Versuchsüberwachung wurden einerseits die Einzellast *9 (P)* in Funktion der Durchbiegung *10 (w_{10})* und andererseits der Öldruck des Pendelmanometers *(~Q)* in Funktion der Durchbiegung *18 (w_{18})* je auf einem X-Y-Schreiber aufgezeichnet.

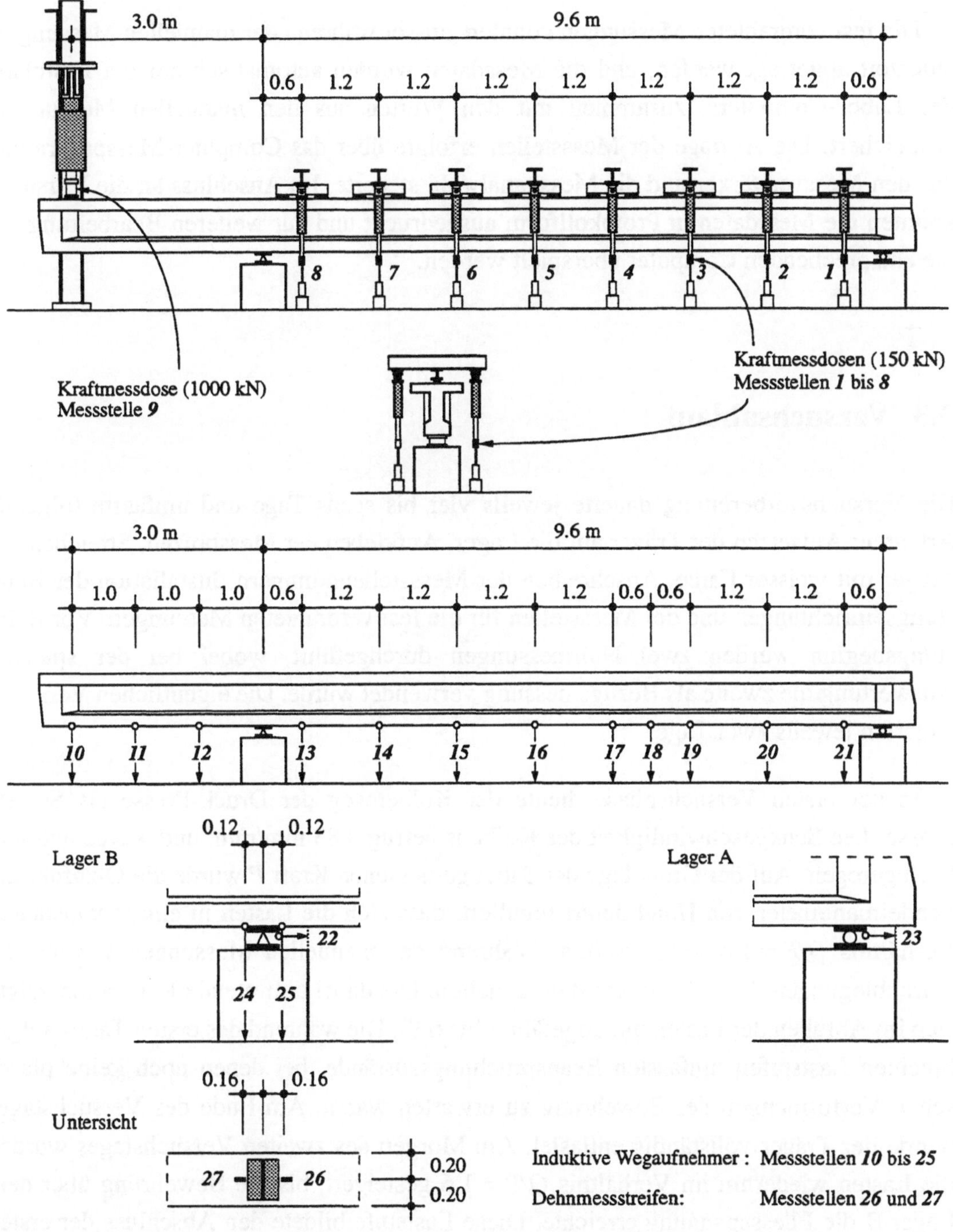

Bild 3.4: Anordnung und Numerierung der fest verdrahteten Messungen.

Mit den fest verdrahteten Messungen wurden in erster Linie die vertikalen Durchbiegungen und die Lasten gemessen. Mit dem Wegaufnehmer *23* wurde zudem die horizontale Verschiebung des Lagers A aufgezeichnet, währenddem mit dem Wegaufnehmer *22* die horizontale Nullage des Lagers B kontrolliert wurde. Die Wegaufnehmer *24* und *25* zeichneten die Verkippung und insbesondere die vertikale Einsenkung des Lagers B auf. Dies war in der Regel bis zum Auftreten der ersten Betonabplatzungen in der Biegedruckzone möglich. Zusätzlich wurden mit den aufgeklebten Dehnmessstreifen *26* und *27* die Betonstauchungen unmittelbar beim Lager B gemessen.

Die fest verdrahteten Messungen konnten, ausser während der manuellen Messungen, jederzeit abgefragt werden, und die Messdaten wurden automatisch auf der Festplatte des Labor-Computers, zusammen mit den Werten aus den manuellen Messungen, gespeichert. Die Abfrage der Messstellen erfolgte über das Computer-Messprogramm, das den Messverstärker und die Messkanalwahl steuerte. Im Anschluss an die Versuche konnten die Messdaten in Protokollform ausgedruckt und zur weiteren Bearbeitung auf die entsprechenden Computer überspielt werden.

3.3 Versuchsablauf

Die Versuchsvorbereitung dauerte jeweils vier bis sechs Tage und umfasste folgende Arbeiten: Aufsetzen der Träger auf die Lager, Aufkleben der Messbolzen, Streichen der Träger mit weisser Farbe, Anschreiben der Messstellennummern, Installation der Belastungseinrichtungen und der Messstellen für die fest verdrahteten Messungen. Vor Belastungsbeginn wurden zwei Nullmessungen durchgeführt, wobei bei der späteren Auswertung die zweite als Bezugsmessung verwendet wurde. Die eigentlichen Versuche dauerten jeweils zwei Tage.

In der ersten Versuchsphase diente der Kolbenweg der Druck-Presse als Steuergrösse. Die Senkgeschwindigkeit des Kolbens betrug 0.83 mm/min. und wurde automatisch geregelt. Auf der Grundlage der dabei gemessenen Kraft P wurde die Ölzufuhr am Pendelmanometer von Hand derart reguliert, dass sich die Lasten in einem konstanten Verhältnis $Q/P = 1.6$ vergrösserten. Während der manuellen Messungen wurden die Durchbiegungen des Trägers konstant gehalten. Die dabei auftretende Relaxation zeigte sich im Abfallen der Lasten um ungefähr 3 bis 6 %. Die während des ersten Tages aufgebrachten Laststufen umfassten Beanspruchungszustände, bei denen noch keine plastischen Verformungen der Bewehrung zu erwarten waren. Am Ende des Versuchstages wurde der Träger vollständig entlastet. Am Morgen des zweiten Versuchstages wurden die Lasten wiederum im Verhältnis $Q/P = 1.6$ gesteigert, bis die Bewehrung über dem Lager B die Fliessspannung erreichte. Diese Laststufe bildete den Abschluss der ersten Versuchsphase.

In der zweiten Versuchsphase wurde der Kolbenweg der Druck-Presse blockiert und nur die verteilte Belastung Q weiter gesteigert. Wiederum wurden Laststufen eingeschaltet, während denen manuelle Messungen ausgeführt werden konnten. Diese Versuchsphase endete mit dem Erreichen des Fliessmomentes im Feld der Träger.

In der direkt daran anschliessenden dritten Versuchsphase wurden die Träger durch weiteres Steigern der Durchbiegungen zum Bruch geführt.

Die Messungen innerhalb einer Laststufe wurden erst begonnen, nachdem die Verformungen des Trägers bereits während ungefähr 15 Minuten konstant gehalten worden waren. Eine vollständige Messung beinhaltete ausser der Durchführung der manuellen Messungen auch das Anzeichnen und Ausmessen der neu entstandenen Risse sowie das Fotografieren des Rissbildes. Bei einigen Laststufen wurden lediglich Teilmessungen ausgeführt. Das Messprogramm umfasste dann die Abfrage einiger ausgewählter manueller Messungen.

4 Versuchsresultate

4.1 Auswertung der Messdaten

Die Auswertung der Messdaten erfolgte in mehreren Schritten unter Verwendung verschiedener Computerprogramme, die jeweils den spezifischen Ansprüchen der Auswertung angepasst werden mussten.

In einem ersten Schritt wurden die Messwerte der manuellen Deformeter-Messungen auf die Eichwerte abgestimmt, d.h. die Differenz zweier aufeinanderfolgender Eichmessungen wurde linear auf die dazwischen gemessenen Werte verteilt. Anschliessend wurde bei allen Messwerten die Differenz zur zweiten Nullmessung gebildet. Offensichtlich fehlerhafte Messwerte konnten daraufhin eliminiert werden.

Bei dem auf der Stegfläche liegenden Messnetz war es möglich, die zufälligen Messfehler auszugleichen, da das Netz von den Messungen her überbestimmt war. Hierzu wurde das Messnetz als entsprechendes, innerlich statisch unbestimmtes, gelenkiges Fachwerk betrachtet, dessen rechnerische Behandlung mit einem Computerprogramm vorgenommen wurde. Um die einzelnen Messwerte im Ausgleich mit der gleichen Gewichtung zu behandeln, wurden die Dehnsteifigkeiten EA der Fachwerkstäbe proportional zu den Stablängen gewählt. Die gemessenen Längenänderungen der Fachwerkstäbe wurden als Zwängungsbeanspruchung eingegeben. Daraus konnten die Stabkräfte im Fachwerk berechnet werden. Durch anschliessende Division dieser Kräfte durch die Dehnsteifigkeiten der entsprechenden Stäbe wurden schliesslich die Messfehler der einzelnen Dehnungsmessungen, und damit die ausgeglichenen Messwerte, gefunden. Für jede Masche im Messnetz konnten sodann die mittleren Verzerrungen, deren Hauptwerte, sowie die Richtung der Hauptwerte berechnet werden.

Bei Scheiben- oder Plattenproblemen, wo im Fehlerausgleich vielfach überbestimmte Messnetze mit relativ kleinen Verzerrungen zu behandeln sind, können für die Berechnung der Hauptwerte in der Regel direkt die globalen Verschiebungen der Fachwerkknoten verwendet werden. Da im vorliegenden Fall teilweise erhebliche Verformungen zu berücksichtigen waren, wurde anhand von entsprechenden Vergleichsberechnungen der Einfluss der geometrischen Nichtlinearität des Problems untersucht. Für die Stabkräfte fielen die Unterschiede zu den Resultaten einer linearen Berechnung unerheblich aus. Bei den Knotenverschiebungen hingegen zeigten sich bedeutende Unterschiede zwischen den beiden Berechnungen und es konnten teilweise Differenzen in der Grössenordnung der gemessenen Werte oder sogar Resultate mit entgegengesetzten Vorzeichen festgestellt werden. Aus diesem Grund wurde die oben beschriebene Vorgehensweise für den linearen Ausgleich gewählt.

Die Messdaten der Kraftmessdosen und der induktiven Weggeber konnten gegen die Nullmessungen abgeglichen und anhand der Eichprotokolle direkt in entsprechende Kraft- und Verformungsgrössen umgerechnet werden. Anschliessend wurden die Fehlmessungen aus den Messprotokollen eliminiert. Für die weitere Bearbeitung standen somit sämtliche korrekt ausgeführten fest verdrahteten Messungen zur Verfügung.

Die gemessenen Durchbiegungen wurden in einem weiteren Schritt um die Starrkörperbewegungen des Trägers reduziert. Diese konnten anhand der Lagereinsenkungen abgeschätzt werden. Hierzu wurde aus der beim Lager B aufgezeichneten vertikalen Einsenkung (Wegaufnehmer *24* und *25*) die Nachgiebigkeit des Lagers ermittelt. Sie betrug, je nach Dicken der zwischen Lagerplatten und Beton eingebauten Mörtelschichten, zwischen 0.6 und 1.0 mm/MN. Vereinfachend wurde angenommen, dass die Nachgiebigkeit des Lagers A jeweils gleich war. Mit den in dieser Weise ausgeglichenen Durchbiegungsmessungen konnten schliesslich Biegelinien für beliebige Zeitpunkte im Versuchsablauf gezeichnet werden.

Die Dehnmessstreifen *26* und *27* wurden während der Versuche durch einen weiteren, auf einem separaten Betonzylinder aufgeklebten Dehnungsmessstreifen zu einer Weatstonschen Halbbrücke ergänzt. Dadurch konnten bei diesen Messungen Temperaturschwankungen automatisch kompensiert werden. In der Regel war es möglich, Stauchungen bis zu Werten von 2 bis 3 ‰ aufzuzeichnen.

Da die Unterschiede der Messwerte der Kraftmessdosen *1* bis *8* innerhalb einer Abfrage maximal 3 % betrugen, wurde als Messresultat jeweils die doppelte Summe dieser Einzelmessungen angegeben. Diese entspricht der zum Zeitpunkt der Messung vorhandenen Linienlast Q.

In den nachfolgenden Kapiteln ist der Versuchsablauf für jeden Träger tabellarisch zusammengestellt. Dabei wurden für die Lasten P und Q bei jeder Laststufe zwei Werte angegeben. Diese entsprechen den Lasten, die unmittelbar vor und nach dem Anhalten des Belastungsvorgangs gemessen wurden und verdeutlichen somit die dabei aufgetretene Relaxation. Bei allen Versuchen waren die Riss- und Bruchbilder der Vorder- und Rückseiten der Träger praktisch identisch. Deshalb beziehen sich die nachfolgenden Darstellungen, falls nicht anders angegeben, auf die vorderen Seiten der Träger.

4.2 Träger T1

Der Versuch mit dem Träger T1 war als Grundversuch konzipiert. Der mechanische Bewehrungsgehalt $\omega = (A_s f_y)/(b_u \cdot d \cdot f_c)$ über dem Lager B betrug 0.274, und die Bewehrung war über die Länge abgestuft. Die Neigung der Betondruckdiagonalen wurde bei der Bemessung zu 43° angenommen. Mit diesem Versuch sollte insbesondere der Anschluss an frühere Versuche [Cerruti, Marti (1987)] gewährleistet und eine Vergleichsbasis für die nachfolgenden Versuchsträger geschaffen werden. Der Versuchsablauf ist in der **Tabelle 4.1** zusammengestellt. Eine Übersicht vermitteln die Diagramme in **Bild 4.1**, in denen die gemessenen Lasten und Kontroll-Durchbiegungen dargestellt sind. In den Diagrammen sind auch die einzelnen Laststufen eingetragen.

Bei einer Last von $P = 50$ kN ($Q = 67$ kN) konnte der erste Biegeriss über dem Lager B festgestellt werden. Er lag 150 mm links von der Lagerachse und erreichte eine Weite von 0.05 mm und eine Tiefe von 20 mm. Der erste Biegeriss im Feld, unmittelbar

Laststufen Nr.	Einzellast P [kN]	Linienlast Q [kN]	Durchbiegung w_{10} [mm]	Durchbiegung w_{18} [mm]	Bemerkungen
3	52.1 ... 50.6	67.8 ... 67.0	1.6	0.4	ca. Risslast
4	193 ... 191	300	10.6	2.7	vollst. Messung
5	0	0	2.8	1.7	Entlastung
6	401 ... 382	629 ... 622	26.2	7.3	vollst. Messung
7	0	0	6.1	3.4	Entlastung
8	0	0	5.6	3.5	keine Messung
9	640 ... 622	1040 ... 1032	49.0	12.9	vollst. Messung
10	0	0	9.1	5.4	Entlastung
11	0	0	7.9	5.1	vollst. Messung
12	645 ... 620	1036 ... 998	50.1	12.6	vollst. Messung, w_{10} blockiert
13	755 ... 724	1498 ... 1425	49.6	30.8	vollst. Messung
14	768 ... 740	1592 ... 1530	49.5	35.9	vollst. Messung
15	787 ... 754	1782 ... 1710	49.3	94.5	Teilmessung
16	$P_{max} = 801$	$Q_{max} = 1892$	48.1	176.2	Traglast
	763	1775	70.2	177.3	Bruch

Tabelle 4.1: Versuchsablauf beim Träger T1.

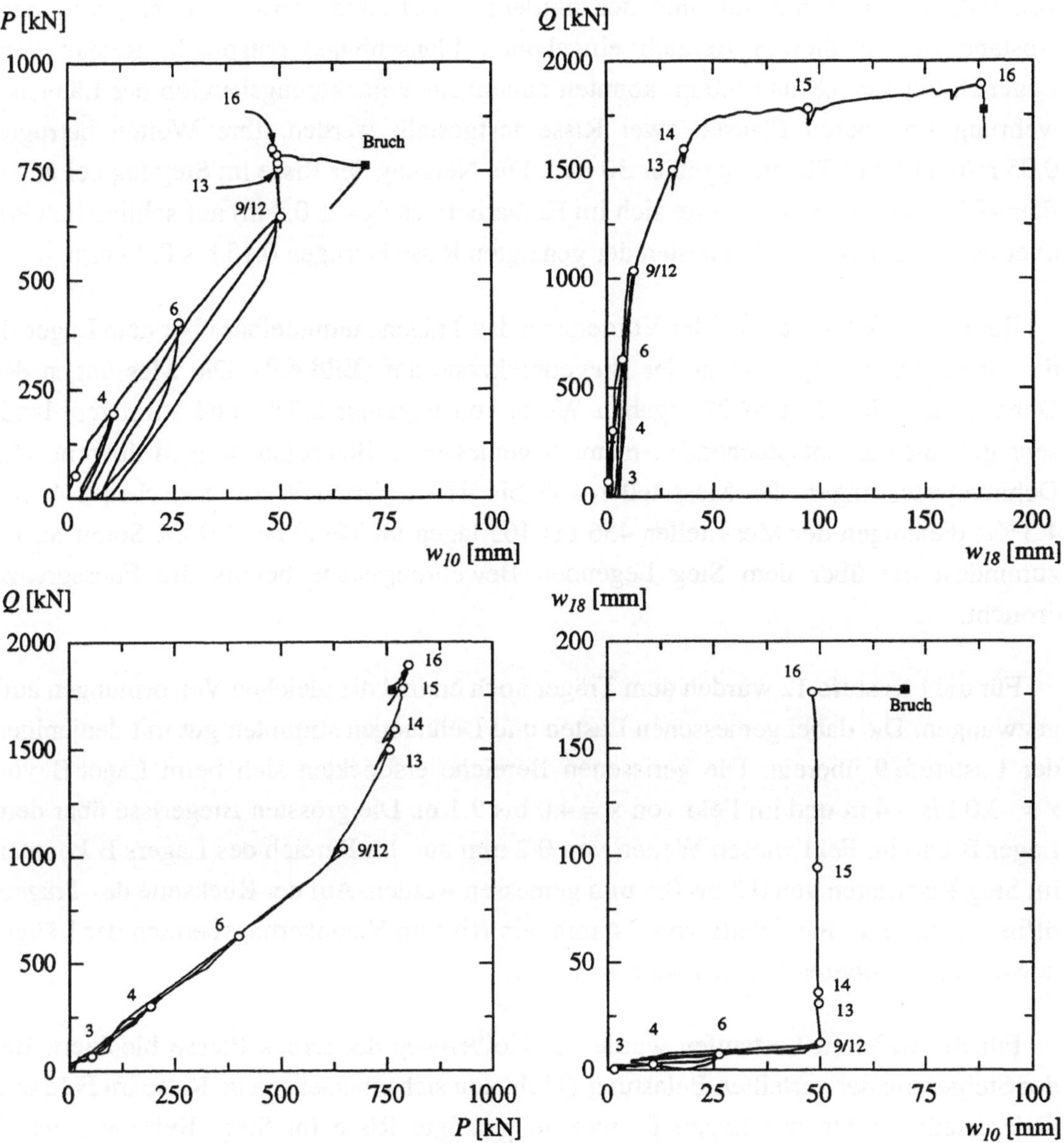

Bild 4.1: Träger T1: gemessene Lasten *(P, Q)* und Durchbiegungen *(w₁₀, w₁₈)*.

über der Messstelle *18*, stellte sich bei einer Belastung von $P = 100$ kN und $Q = 156$ kN ein. Ein erster Riss im Steg wurde bei einer Last von $P = 130$ kN ($Q = 205$ kN) beobachtet. Er lag unmittelbar über der Messstelle *13* und wies eine Neigung von ungefähr 45° auf. Die bei Laststufe 4 gemessenen Rissweiten betrugen 0.05 bis 0.1 mm. Aufgrund einer fehlenden Leckölleitung musste der Träger anschliessend vorübergehend entlastet werden.

Bei Laststufe 6 erstreckte sich der gerissene Bereich im Feld von x = 4.4 bis 8.4 m. Der Rissabstand betrug im Mittel 150 mm, und es wurden maximale Rissweiten von 0.1 mm gemessen. Beim Lager B **(Bild 4.8)** wurden Biegerisse und Risse im Steg im Bereich von x = -3.0 bis 2.4 m festgestellt. Die Risse im oberen Flansch wiesen Weiten von 0.05 bis 0.15 mm auf, und der mittlere Rissabstand betrug 100 mm, was dem Abstand der in diesem Bereich eingelegten Flanschbügel entsprach. Rechts vom Lager B, bei $x = 3.8$ und 4.0 m, konnten zudem im Verankerungsbereich der Längsbewehrung im oberen Flansch zwei Risse festgestellt werden. Ihre Weiten betrugen 0.05 mm und ihre Tiefen ungefähr 50 mm. Die Neigung der Risse im Steg lag bei ungefähr 40 bis 45° und vergrösserte sich im Fächerbereich ($x \approx \pm 0.8$ m) auf schliesslich 90° über dem Lager B. Die Rissweiten der geneigten Risse betrugen 0.15 bis 0.25 mm.

Bei Laststufe 9 traten auf der Vorderseite des Trägers, unmittelbar über dem Lager B, die ersten Stauchungsrisse in der Biegedruckzone auf (**Bild 4.9**). Die Messungen der Dehnmessstreifen *26* und *27* ergaben Werte von ungefähr 2.5 ‰ und stimmten damit sehr gut mit den entsprechenden manuell gemessenen Betonstauchungen überein. Die Dehnungsmessungen der Messstellen 406 bis 415 lieferten Werte zwischen 1.4 und 4.3 ‰; diejenigen der Messstellen 456 bis 465 lagen im Mittel bei 2.0 ‰. Somit hatten zumindest die über dem Steg liegenden Bewehrungsstäbe bereits die Fliessgrenze erreicht.

Für die Laststufe 12 wurden dem Träger noch einmal die gleichen Verformungen aufgezwungen. Die dabei gemessenen Lasten und Dehnungen stimmten gut mit denjenigen der Laststufe 9 überein. Die gerissenen Bereiche erstreckten sich beim Lager B von $x = -3.0$ bis 3.4 m und im Feld von $x = 4.0$ bis 9.1 m. Die grössten Biegerisse über dem Lager B und im Feld wiesen Weiten von 0.2 mm auf. Im Bereich des Lagers B konnten im Steg Rissweiten von 0.2 bis 0.3 mm gemessen werden. Auf der Rückseite des Trägers öffnete sich, mit einer Weite von 0.4 mm, ein Riss im Verankerungsbereich der Längsbewehrung im oberen Flansch bei $x = -1.6$ m.

Für die weiteren Laststufen wurde der Kolbenweg der Druck-Presse blockiert. Bei der Steigerung der verteilten Belastung Q bildeten sich einerseits neue Risse im Feld und andererseits, rechts des Lagers B, weitere geneigte Risse im Steg. Bei Laststufe 13 erstreckten sich die Stauchungsrisse in der Biegedruckzone über einen 400 mm langen Bereich; zudem platzten auf der Vorderseite des Trägers erste dünne Betonteile ab. Weitere, bedeutend grössere Abplatzungen folgten vor allem zwischen den Last-stufen 15 und 16. Bei Laststufe 15 wurden nur die Messungen 66 bis 93 und diejenigen der Messreihen 400 und 600 durchgeführt.

Bis zum Bruch hatten sich, ausser den Biegerissen in den Flanschen, im Steg entlang des ganzen Trägers Risse gebildet. Nach der Entlastung konnte das endgültige Rissbild aufgenommen werden.

- Steg: im Bereich $x = 4.8$ bis 7.1 m hatten sich die Biegerisse bis zur Mitte des oberen Flansches verlängert; links und rechts davon wurden die Risse zunehmend flacher, bis zu Neigungen von ungefähr 40 bis 45°; alle diese Steg-Risse im Feldbereich des Trägers wurden im unteren Flansch fortgesetzt, die unmittelbar links davon liegenden Risse hingegen hatten ihre Fortsetzung im oberen Flansch;

- Oberer Flansch: der gerissene Bereich erstreckte sich bei der letzten Laststufe noch von x = -3.0 bis 2.5 m; von x = -0.75 bis 0.5 m konnten auch nach der Entlastung noch Rissweiten von 0.9 bis 2.5 mm gemessen werden; rechts und links davon hatten sich die Risse wieder geschlossen; auf der Rückseite des Trägers betrug die grösste Rissweite in diesem Abschnitt 4.0 mm;

- Unterer Flansch: es hatten sich Risse im Bereich von x = 2.1 bis 9.6 m gebildet; die maximalen Weiten wurden zwischen den Messstellen *17* und *19* gemessen und betrugen noch 1.0 bis 2.5 mm.

Beim Erreichen der Maximallast (Laststufe 16) konnten erste Stauchungsrisse im Feldbereich des oberen Flansches, zwischen x = 5.7 und 6.3 m, beobachtet werden. Anschliessend wurde bei konstant gehaltener Felddurchbiegung der Kolbenweg der Druck-Presse weiter vergrössert. Die Einzellast *P* konnte dabei jedoch nicht gesteigert werden. In der Biegedruckzone links vom Lager B löste sich auf der Unter- und Vorderseite des Trägers, über eine Länge von schliesslich ungefähr 600 mm, der gesamte Überdeckungsbeton des unteren Flansches (**Bild 4.10**). Auf der Rückseite des Trägers platzte der Beton nur in der unteren Flanschhälfte ab. Die Querschnittsfläche des Flansches war damit um ungefähr 20 % reduziert. Der eigentliche Bruch kündigte sich durch das Ausknicken der vordersten Stäbe der Druckzonenbewehrung an. Dabei verdrehte sich der Kragarm horizontal in Richtung Trägervorderseite. Unmittelbar unter der Druck-Presse betrug die damit verbundene horizontale Trägerauslenkung ungefähr 55 mm. Um ein Ausknicken der Druck-Presse zu verhindern, wurde der Träger anschliessend vollständig entlastet. In **Bild 4.2** sind die Durchbiegungen des Trägers für die Laststufen 6, 12, 15 und 16 sowie die Kragarmdurchbiegung beim Bruch des Trägers aufgetragen.

In den nachfolgenden Diagrammen sind die wichtigsten Versuchsergebnisse für einige ausgewählte Laststufen zusammengestellt.

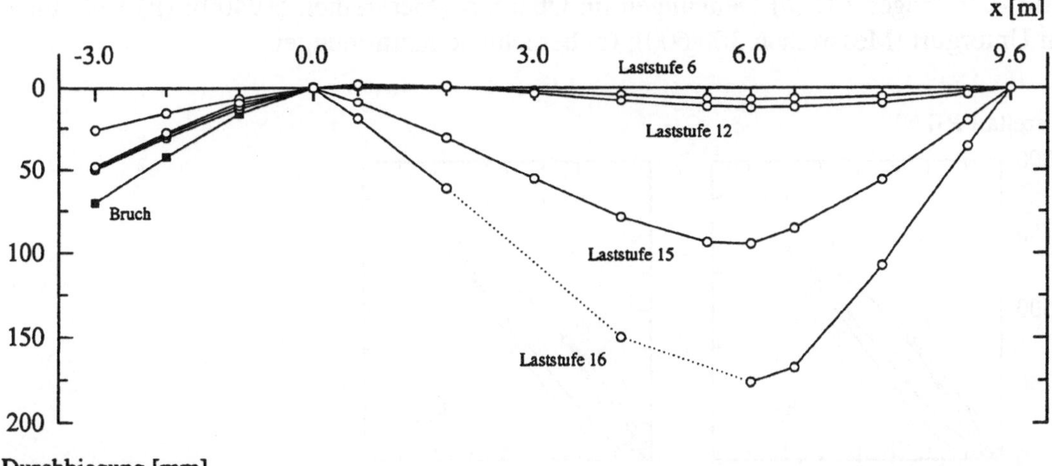

Bild 4.2: Träger T1: Durchbiegungen des Trägers für ausgewählte Laststufen.

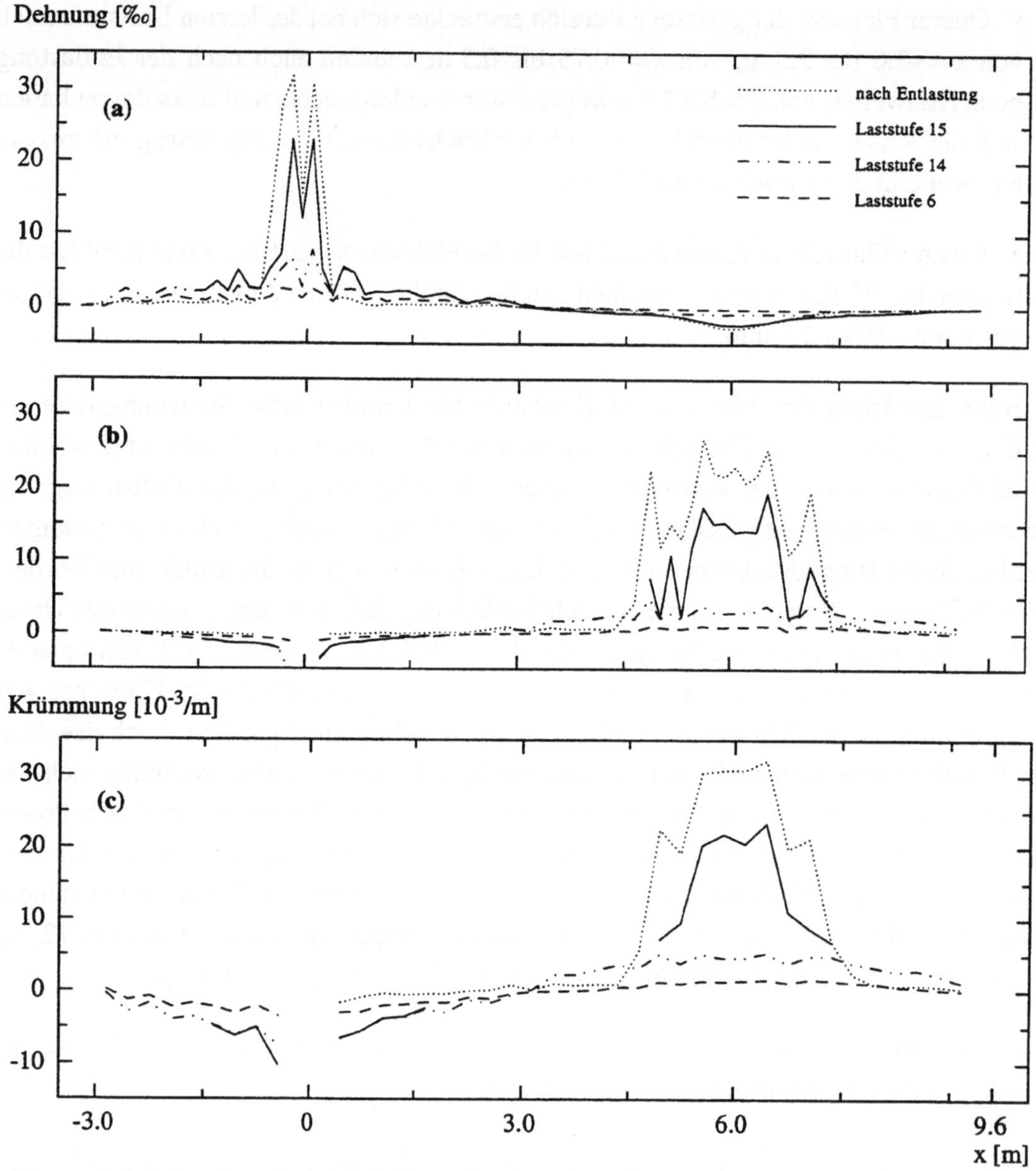

Dehnung [‰]

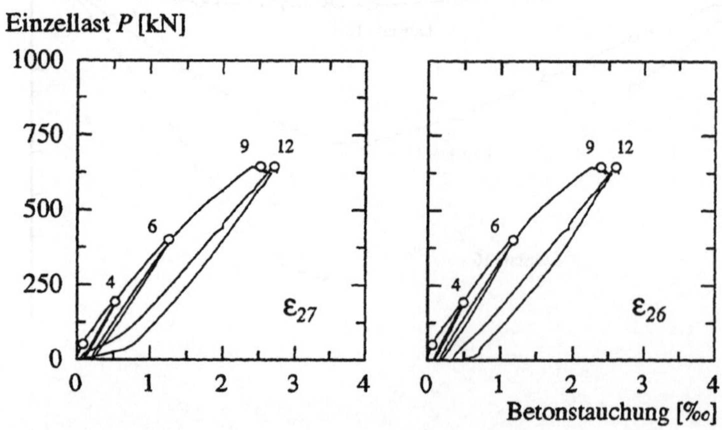

Bild 4.3: Träger T1: **(a)** Dehnungen im Obergurt (Messreihen 50/400); **(b)** Dehnungen im Untergurt (Messreihen 300/600); **(c)** berechnete Krümmungen.

Bild 4.4: Träger T1: Betonstauchungen links (ε_{27}) und rechts (ε_{26}) des Lagers B.

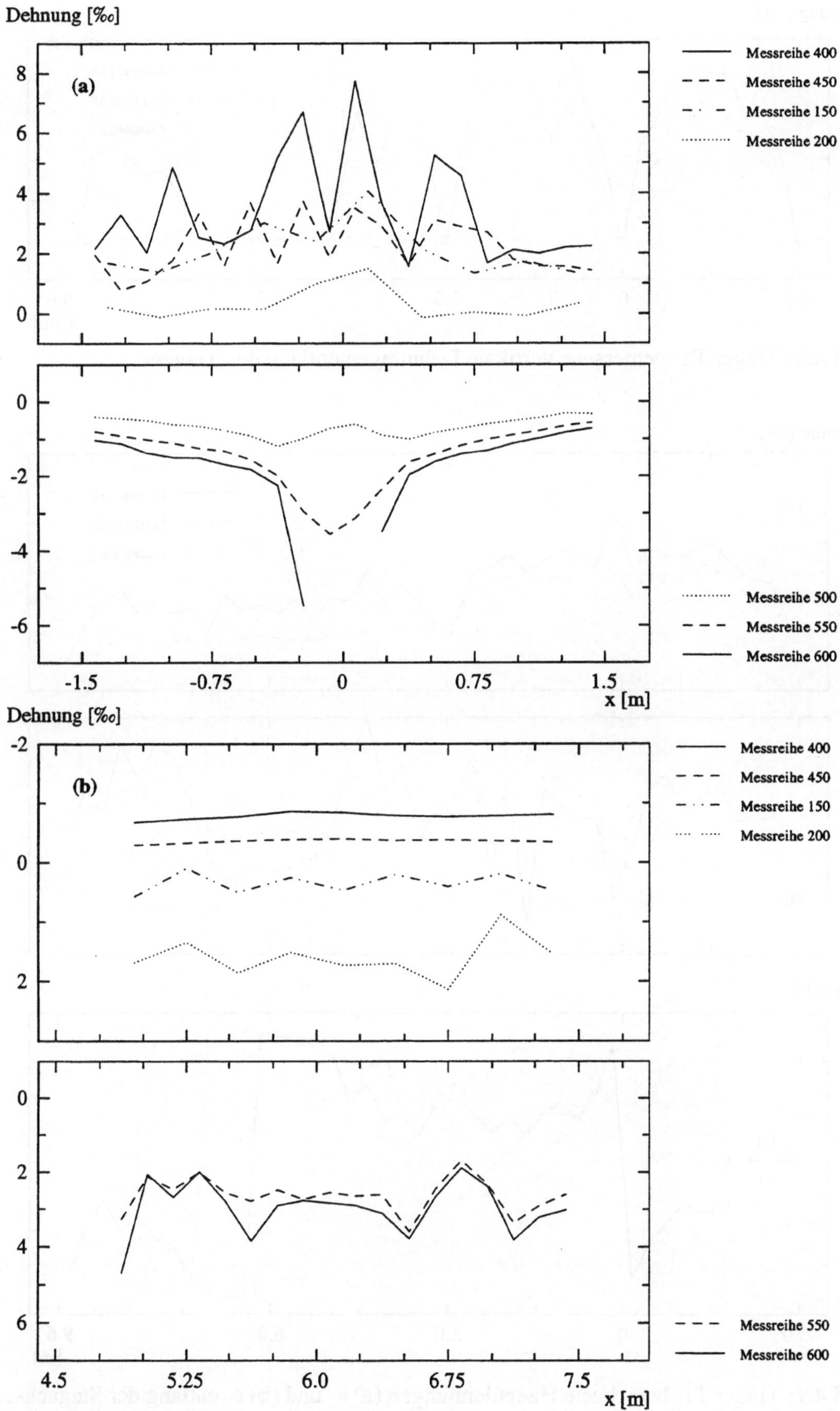

Bild 4.5: T1, Laststufe 14: Dehnungen **(a)** im Bereich des Lagers B und **(b)** im Feld.

Dehnung [‰]

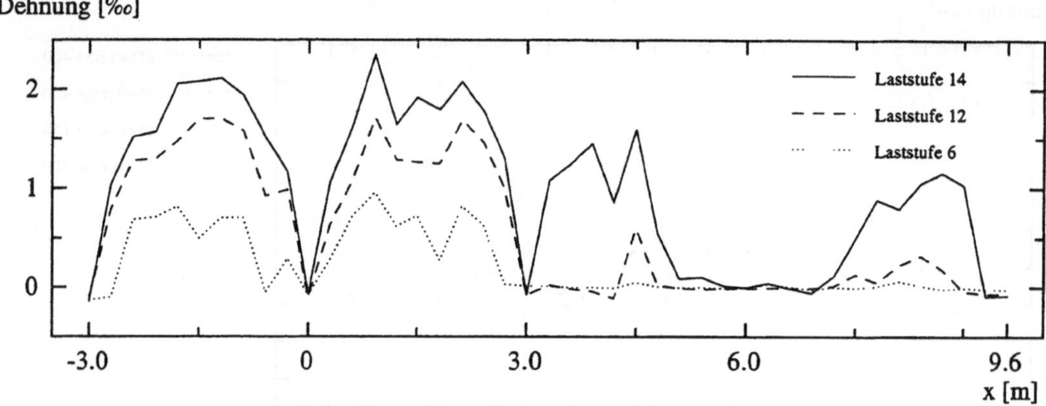

Bild 4.6: Träger T1: gemessene vertikale Dehnungen entlang des Trägers.

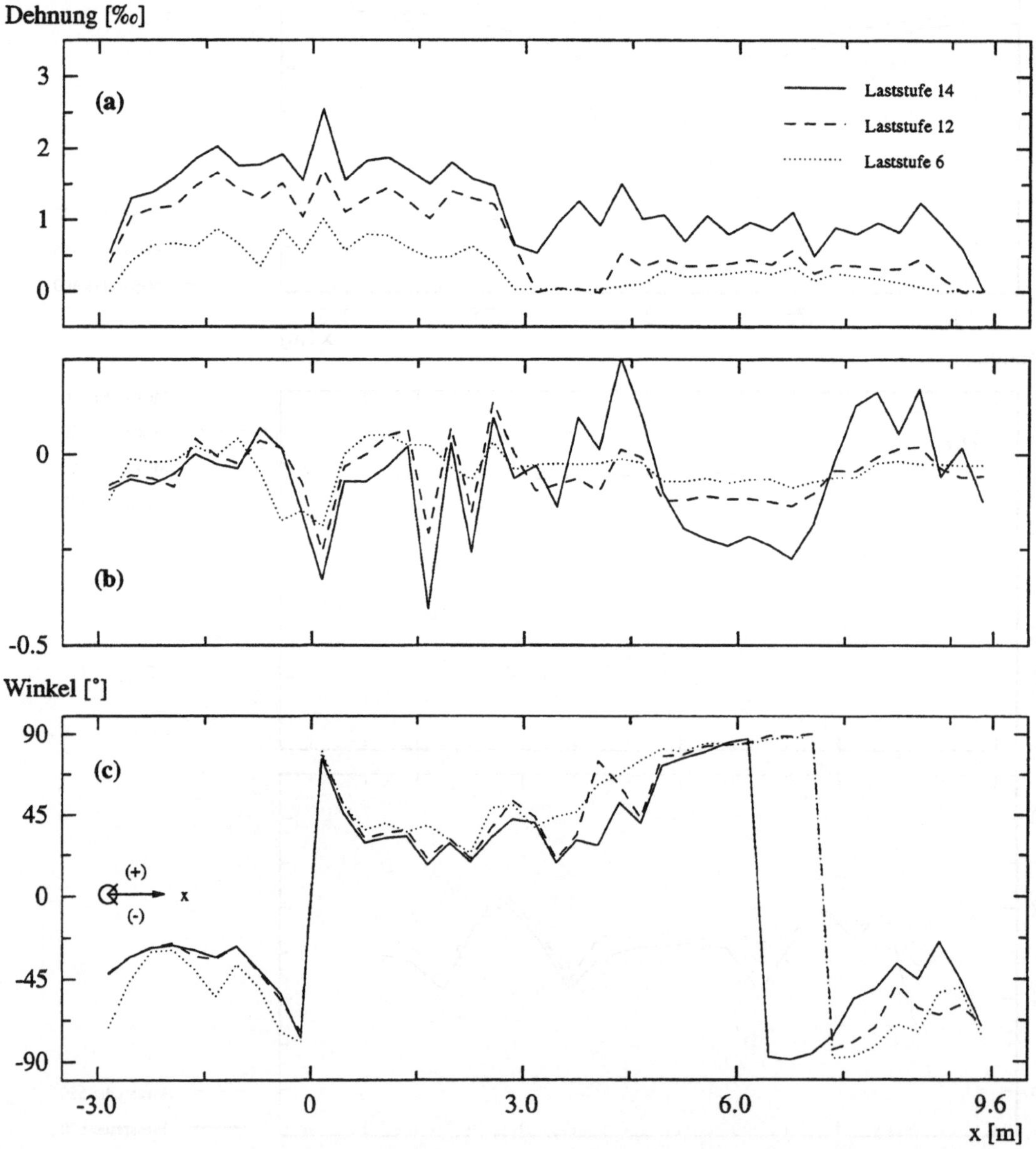

Dehnung [‰]

Winkel [°]

Bild 4.7: Träger T1: berechnete Hauptdehnungen (a) ε_1 und (b) ε_2 entlang der Stegachse; (c) Neigung der Hauptdehnung ε_2 bezüglich der x-Achse.

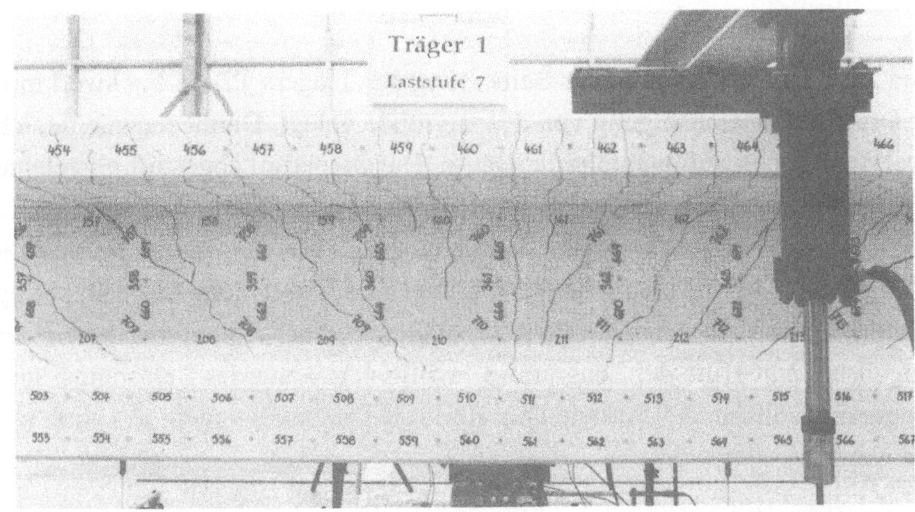

Bild 4.8: Träger T1: Rissbild im Bereich des Lagers B bei Laststufe 6 (resp.7).

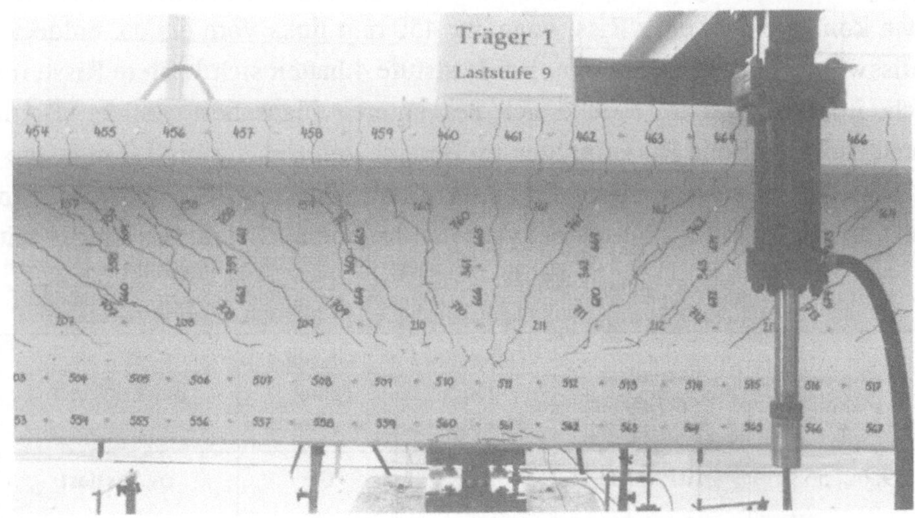

Bild 4.9: Träger T1: Rissbild im Bereich des Lagers B bei Laststufe 9.

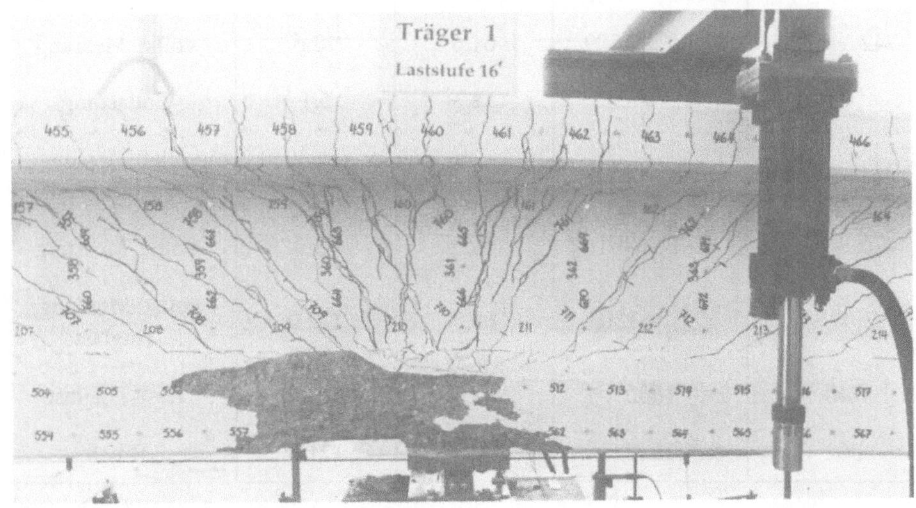

Bild 4.10: Träger T1: Rissbild im Bereich des Lagers B beim Bruch.

4.3 Träger T2

Im Unterschied zum Träger T1 wurde der Bemessung des Trägers T2 ein Fachwerkmodell mit einer Druckdiagonalenneigung von 25° zugrunde gelegt. Damit reduzierte sich der Bügelbewehrungsgehalt auf ungefähr die Hälfte. Die wiederum abgestuft eingelegte Längsbewehrung musste jedoch, entsprechend dem Bemessungsmodell, über grössere Bereiche geführt werden. Insgesamt ergab sich dadurch die gleiche Menge Betonstahl wie für den Träger T1. Der mechanische Bewehrungsgehalt über dem Lager B betrug $\omega = (A_s \cdot f_y)/(b_u \cdot d \cdot f_c) = 0.263$. In der **Tabelle 4.2** ist der Versuchsablauf bezüglich der Laststufen aufgelistet. Mit Hilfe der Diagramme in **Bild 4.11** kann der Belastungs- und Verformungsvorgang anhand der Lasten und Kontroll-Durchbiegungen w_{10} und w_{18} nachvollzogen werden.

Der erste Biegeriss über dem Lager B wurde bei einer Belastung von $P = 59$ kN und $Q = 107$ kN festgestellt. Er lag unmittelbar über der Lagerachse. Nach einer Haltezeit von 10 Minuten konnte ein zweiter Riss, ungefähr 450 mm links vom ersten, entdeckt werden. Die Rissweiten betrugen 0.05 mm. Bei Laststufe 4 hatten sich weitere Risse im oberen Flansch, im Steg und im Feldbereich des unteren Flansches gebildet. Beim Lager B konnten Biegerisse und Risse im Steg im Bereich von x = -1.8 bis 1.7 m festgestellt werden. Die Rissweiten lagen bei 0.05 bis 0.15 mm. Die Steg-Risse schlossen in der Regel direkt an die Risse im Flansch an, verliefen im oberen Drittel des Steges mit

Laststufen Nr.	Einzellast P [kN]	Linienlast Q [kN]	Durchbiegung w_{10} [mm]	Durchbiegung w_{18} [mm]	Bemerkungen
3	59.7 ... 56.9	107 ... 103	1.7	0.5	ca. Risslast
4	198 ... 187	310 ... 305	10.1	2.2	vollst. Messung
5	398 ... 378	629 ... 593	25.5	6.5	vollst. Messung
6	742 ... 698	1178 ... 1109	61.6	12.6	vollst. Messung
7	0	0	12.3	5.1	Entlastung
8	742 ... 700	1178 ... 1122	65.7	13.5	vollst. Messung, w_{10} blockiert
9	770 ... 731	1596 ... 1516	65.5	35.9	vollst. Messung
10	$P_{max} = 780$	$Q_{max} = 1805$	65.5	112.0	vollst. Messung, Traglast
11	740	1600	81.4	112.0	Rest-Traglast
	562	1527	90.7	121.0	Bruch

Tabelle 4.2: Versuchsablauf beimTräger T2.

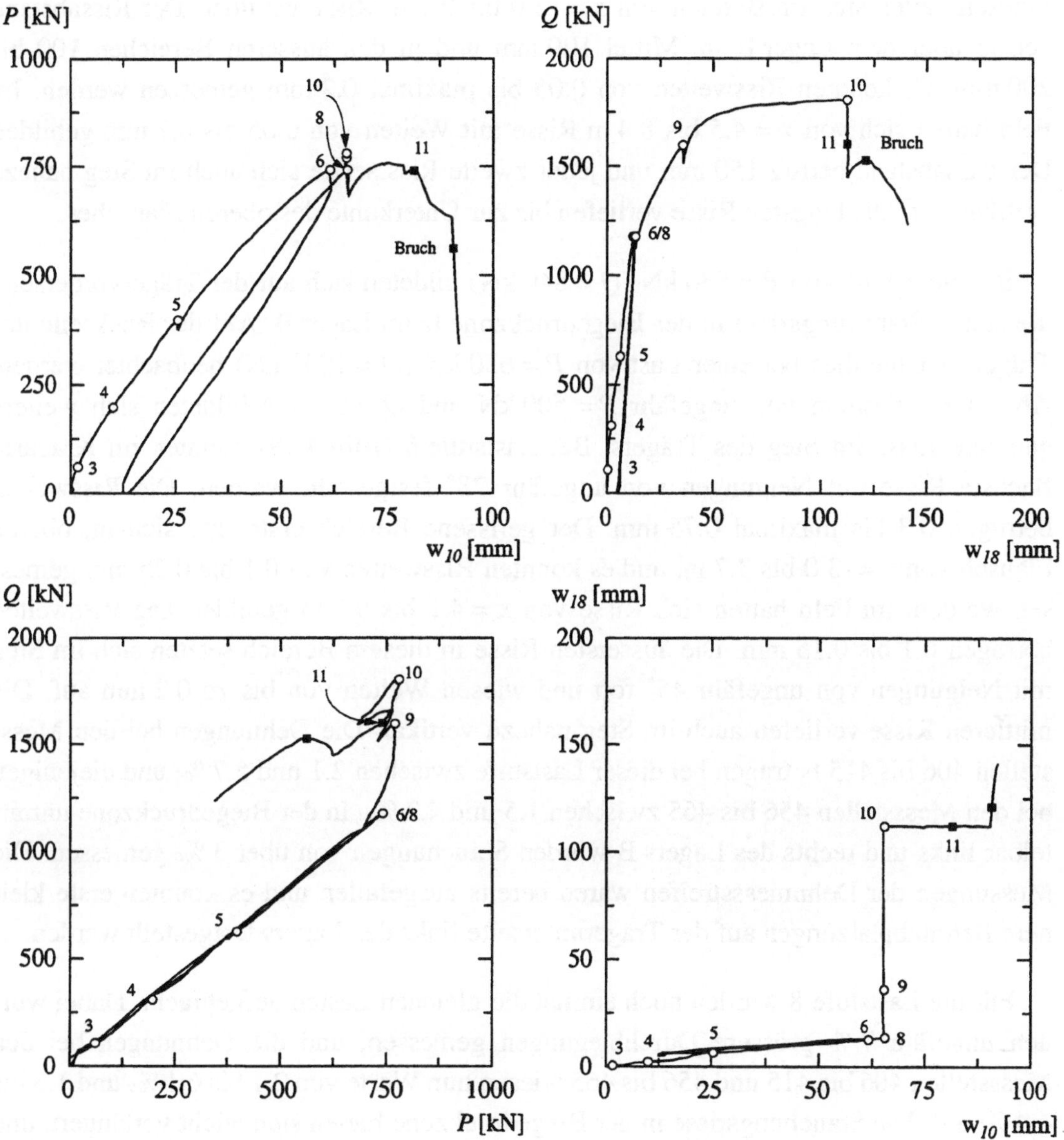

Bild 4.11: Träger T2: gemessene Lasten (P, Q) und Durchbiegungen (w_{10}, w_{18}).

einer Neigung von ungefähr 50° und liefen dann mit einer Neigung von etwa 40° zum unteren Flansch hin aus. Im Feld wurden Risse im unteren Flansch von x = 5.1 bis 7.9 m festgestellt. Ihre Weiten betrugen 0.05 bis 0.1 mm.

Bei der Steigerung der Lasten bis zur Laststufe 5 bildeten sich weitere, bedeutend flachere Risse im Steg. Ihre Neigungen betrugen im Kragarm 30 bis 35°, im Bereich des Lagers B 35 bis 90° und im Feld, rechts des Lagers B, wiederum 30 bis 35° (**Bild 4.18**). Die Risse verliefen in der Regel im Steg mit einer ungefähr konstanten Neigung, setzten sich dann aber, entlang der Kante zwischen Steg und unterem Flansch, horizontal fort. Die flachsten Risse wiesen Weiten von 0.15 bis 0.3 mm auf, und ihr gegenseitiger Abstand betrug im Kragarm 150 bis 200 mm und im Feld 200 bis 250 mm. Im oberen

Flansch hatten sich im Bereich von x = -3.0 bis 2.7 m Risse gebildet. Der Rissabstand betrug über dem Lager B im Mittel 100 mm und in den äusseren Bereichen 100 bis 200 mm. Es konnten Rissweiten von 0.05 bis maximal 0.2 mm gemessen werden. Im Feld hatten sich von x = 4.5 bis 8.4 m Risse mit Weiten von 0.05 bis 0.1 mm gebildet. Der Rissabstand betrug 150 mm und jeder zweite Riss setzte sich auch im Steg nahezu vertikal fort. Die längsten Risse verliefen bis zur Unterkante des oberen Flansches.

Bei einer Last von $P = 530$ kN ($Q = 840$ kN) bildeten sich auf der Trägervorderseite die ersten Stauchungsrisse in der Biegedruckzone beim Lager B. Auf der Rückseite des Trägers konnte dies bei einer Last von $P = 630$ kN ($Q = 1000$ kN) beobachtet werden. Ab einer Belastung von ungefähr $P = 500$ kN und $Q = 800$ kN bildeten sich weitere geneigte Risse im Steg des Trägers. Bei Laststufe 6 (**Bild 4.19**) konnten im Kragarm flachste Risse mit Neigungen von ungefähr 28° festgestellt werden. Die Rissweiten betrugen 0.3 bis maximal 0.75 mm. Der gerissene Bereich erstreckte sich im oberen Flansch von x = -3.0 bis 3.7 m, und es konnten Rissweiten von 0.1 bis 0.25 mm gemessen werden. Im Feld hatten sich Risse von x = 4.2 bis 9.0 m gebildet. Die Rissweiten betrugen 0.1 bis 0.15 mm. Die äussersten Risse in diesem Bereich setzten sich im Steg mit Neigungen von ungefähr 45° fort und wiesen Weiten von bis zu 0.2 mm auf. Die mittleren Risse verliefen auch im Steg nahezu vertikal. Die Dehnungen bei den Messstellen 406 bis 415 betrugen bei dieser Laststufe zwischen 2.1 und 5.7 ‰ und diejenigen bei den Messstellen 456 bis 465 zwischen 1.5 und 4.2 ‰. In der Biegedruckzone unmittelbar links und rechts des Lagers B wurden Stauchungen von über 3 ‰ gemessen. Die Messungen der Dehnmessstreifen waren bereits ausgefallen und es konnten erste kleinere Betonabplatzungen auf der Trägerunterseite links des Lagers festgestellt werden.

Für die Laststufe 8 wurden noch einmal die gleichen Lasten aufgebracht. Dabei wurden ungefähr 7 % grössere Durchbiegungen gemessen, und die Dehnungen bei den Messstellen 406 bis 415 und 456 bis 465 wiesen nun Werte von 2.1 bis 6.1 ‰ und 1.5 bis 4.4 ‰ auf. Die Stauchungsrisse in der Biegedruckzone hatten sich leicht verlängert, und auf der Rückseite des Trägers löste sich ein ungefähr 10 mm dickes und 400 mm langes Betonstück von der Unterkante des Trägers. Bis zur Laststufe 8 hatten sich kaum neue Risse gebildet. Die bestehenden Risse hatten sich jedoch teilweise verlängert und zusätzlich verästelt. Die Laststufe 8 bildete beim Träger T2 den Abschluss der ersten Versuchsphase.

Die Durchbiegungen des Trägers konnten im Feld noch beträchtlich vergrössert werden. Bei der Steigerung der verteilten Belastung Q bildeten sich neue Risse im Feld und rechts des Lagers B, währenddem sich die am weitesten rechts liegenden Risse im oberen Flansch teilweise wieder schlossen. Bei Laststufe 9 wurde 250 mm links von der Lagerachse ein Riss mit einer Weite von 1.4 mm gemessen. Die übrigen Risse in diesem Bereich wiesen Weiten von 0.2 bis 0.9 mm auf. In **Bild 4.15 (a)** sind die bei Laststufe 9 gemessenen Dehnungen der auf den Flanschen liegenden Messreihen für den Bereich des Lagers B festgehalten. Anhand dieser Kurven können die Rissweiten ebenfalls abgeschätzt werden. Im Steg betrugen die Weiten der geneigten Risse in diesem Trägerabschnitt 0.4 bis 0.9 mm. In der Biegedruckzone beim Lager B hatten sich auf der Vorder-, Unter- und Rückseite des Trägers Teile des Überdeckungsbetons abgelöst.

Im weiteren Versuchsfortschritt bildeten sich vor allem im Steg, rechts des Lagers B, einige zusätzliche Risse, und bereits bestehende Risse verlängerten sich. Es ergaben sich schliesslich fächerförmige Risszonen, in denen Risse aus verschiedenen Laststufen am unteren Stegrand aufeinandertrafen und sich dann im Übergang zum unteren Flansch horizontal fortsetzten. Die Neigung der flachsten Risse betrug ungefähr 23°. Bei Laststufe 10 platzten rechts des Lagers B vereinzelt dünne Betonplättchen von der Stegfläche ab. Der Belastungsvorgang wurde knapp vor dem Versagen des Stegbetons angehalten und die manuellen Messungen konnten vollständig durchgeführt werden. Die Lasten fielen während dieser Zeit (ca. 1 h) um ungefähr 10 % ab.

Anschliessend wurden die Durchbiegungen des Kragarms vergrössert, wobei auch die Einzellast P wieder um 5 % gesteigert werden musste. Die verteilte Belastung Q blieb dabei anfänglich konstant, und erst als sich grössere Teile des Überdeckungsbetons des Steges ablösten, fielen beide Lasten stark ab. Durch geringfügiges Vergrössern der Durchbiegungen im Feld wurde schliesslich der endgültige Bruch herbeigeführt (**Bild 4.20**), wobei die Einzellast P bereits auf 72 % ihres Maximalwertes abgesunken war. Der Stegbeton wurde stark beschädigt, und die Biegedruckzone wurde entlang einer um 45° geneigten Ebene abgeschert, was zum Ausknicken der aussen liegenden Bewehrungsstäbe führte. Die Platte des oberen Flansches wurde von x = 0.6 bis 1.4 m durch sehr flach verlaufende Risse in zwei Hälften getrennt. Rechts des Lagers, in einem Abstand von 1.8 m, hatte sich im unteren Flansch ein klaffender Riss geöffnet und die untersten Bewehrungsstäbe waren zerrissen. Unmittelbar darüber war der Beton des oberen Flansches stark aufgestaucht. Diese Zerstörungen führten insgesamt zu einem vertikalen Versatz in diesem Trägerabschnitt, was auch durch die in **Bild 4.12** aufgetragenen Biegelinien veranschaulicht wird.

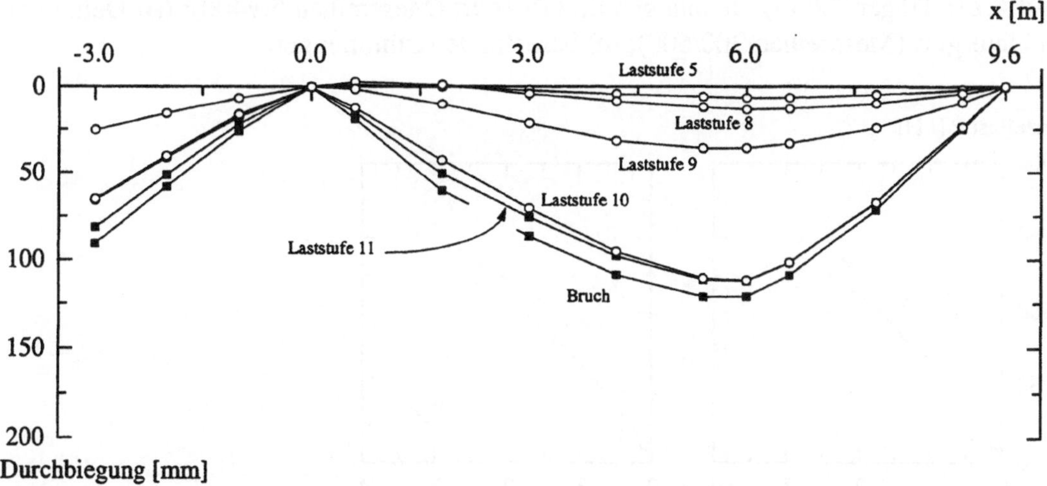

Bild 4.12: Träger T2: Durchbiegungen des Trägers für ausgewählte Laststufen.

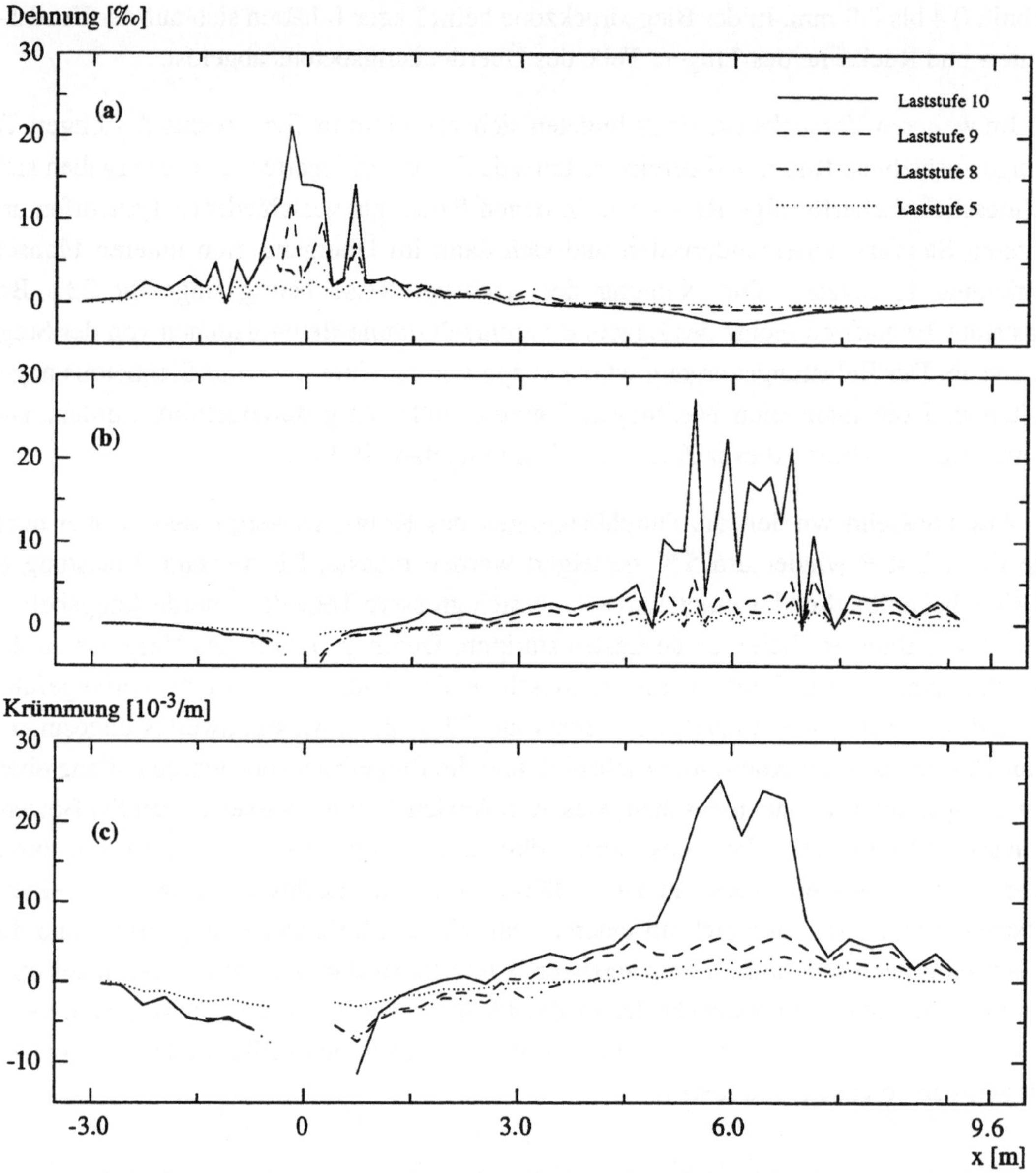

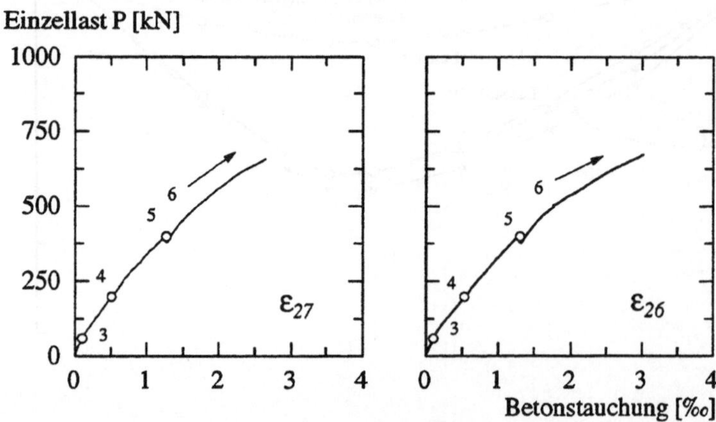

Bild 4.13: Träger T2: **(a)** Dehnungen im Obergurt (Messreihen 50/400); **(b)** Dehnungen im Untergurt (Messreihen 300/600); **(c)** berechnete Krümmungen.

Bild 4.14: Träger T2: Betonstauchungen links (ε_{27}) und rechts (ε_{26}) des Lagers B.

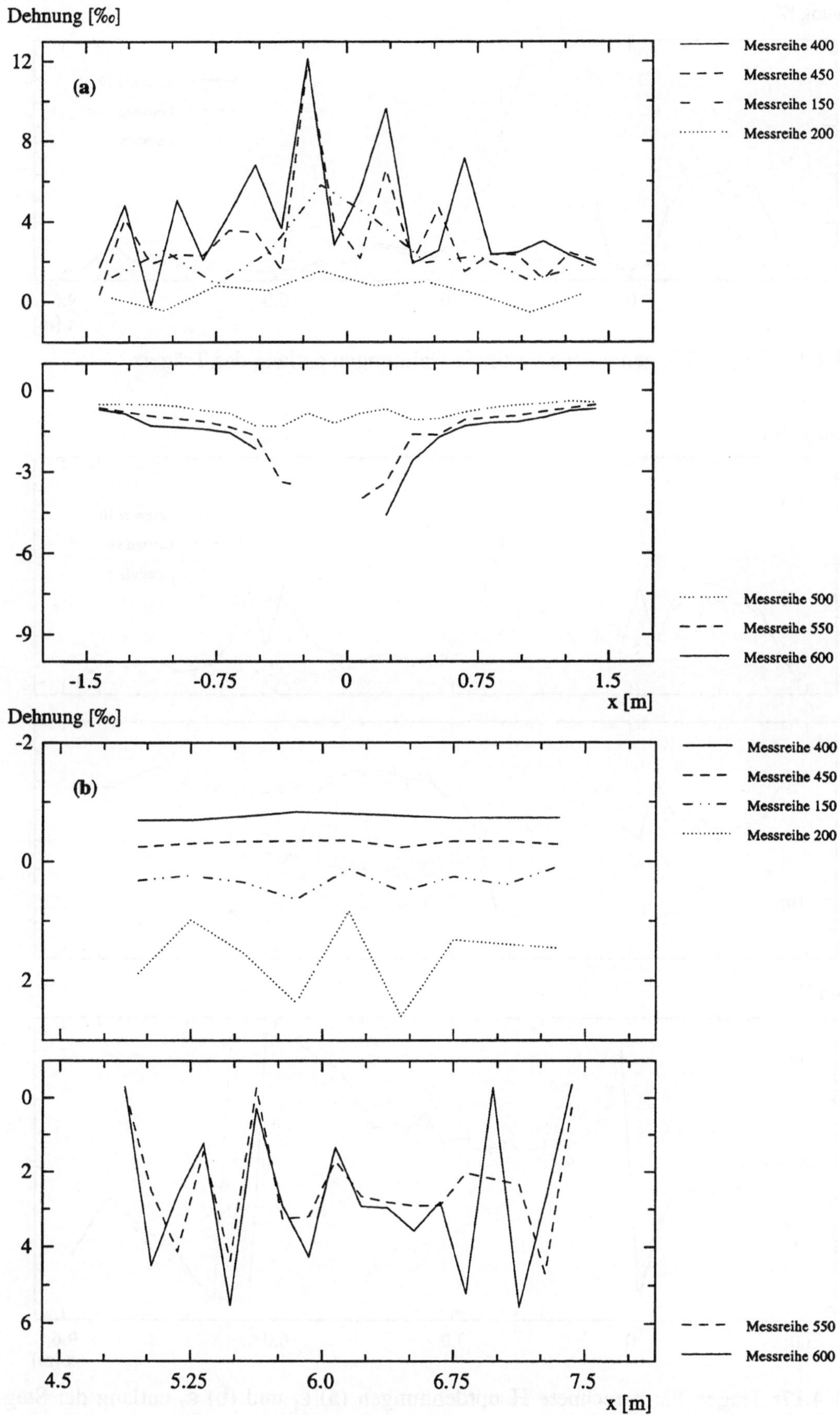

Bild 4.15: T2, Laststufe 9: Dehnungen **(a)** im Bereich des Lagers B und **(b)** im Feld.

43

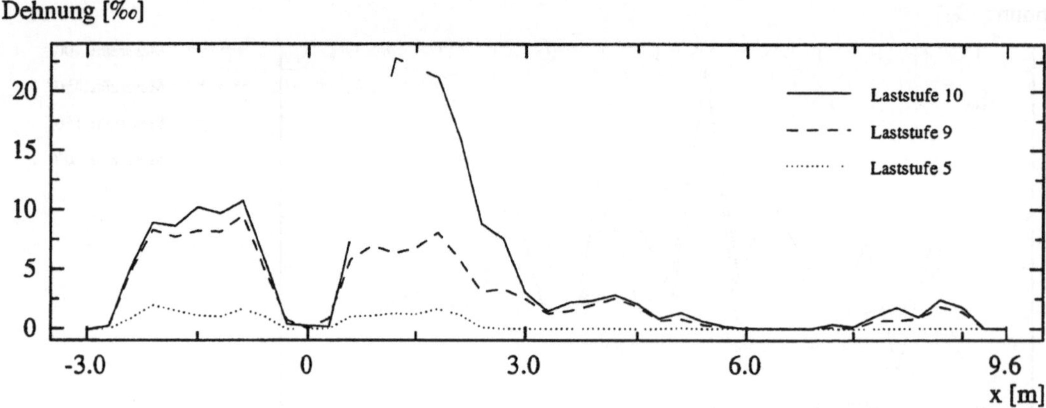

Bild 4.16: Träger T2: gemessene vertikale Dehnungen entlang des Trägers.

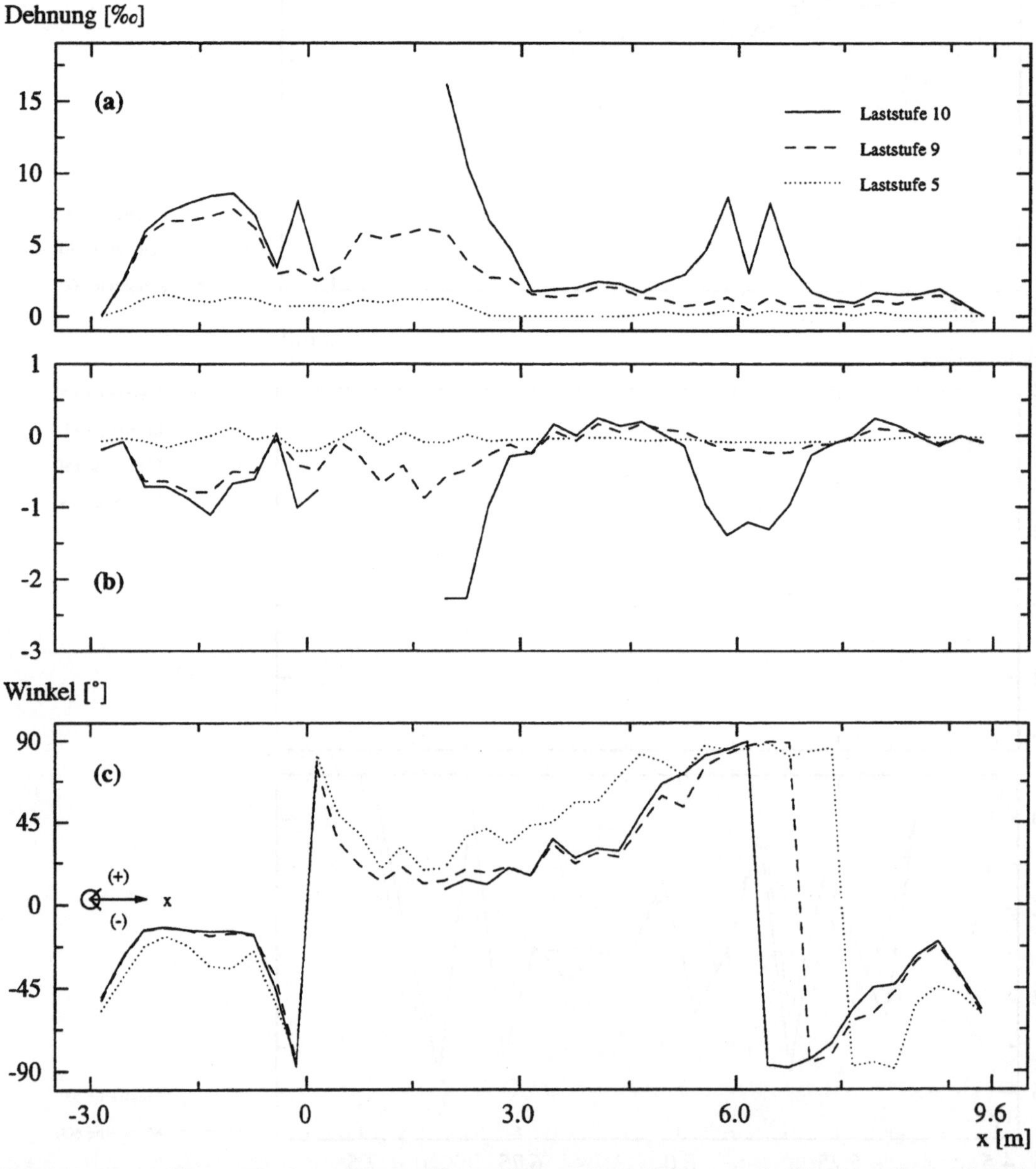

Bild 4.17: Träger T2: berechnete Hauptdehnungen **(a)** ε_1 und **(b)** ε_2 entlang der Stegachse; **(c)** Neigung der Hauptdehnung ε_2 bezüglich der x-Achse.

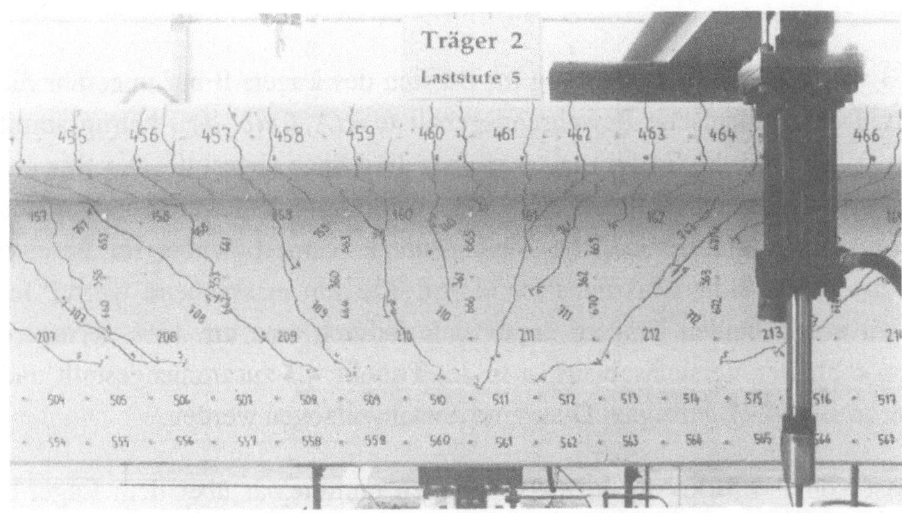

Bild 4.18: Träger T2: Rissbild im Bereich des Lagers B bei Laststufe 5.

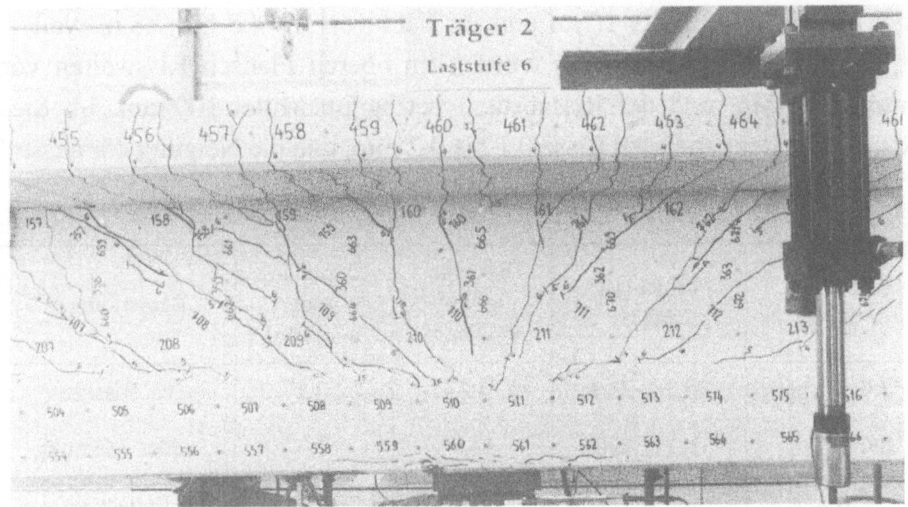

Bild 4.19: Träger T2: Rissbild im Bereich des Lagers B bei Laststufe 6.

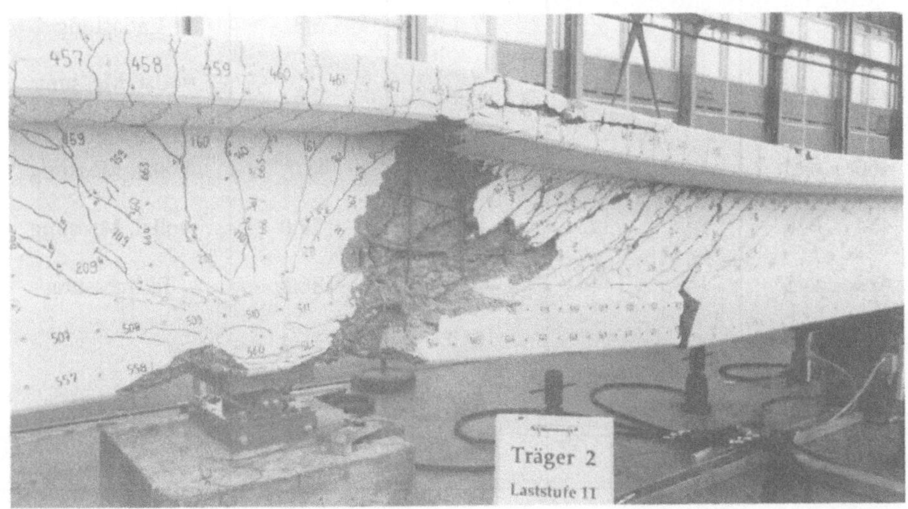

Bild 4.20: Träger T2: Bereich des Lagers B nach dem Bruch.

4.4 Träger T3

Beim Träger T3 wurde die Biegebewehrung im Bereich des Lagers B auf ungefähr die Hälfte reduziert. Der mechanische Bewehrungsgehalt $\omega = (A_s{\cdot}f_y)/(b_u{\cdot}d{\cdot}f_c)$ betrug somit über dem Lager 0.132, und die Bewehrung war über die Länge abgestuft. Der Bewehrungsgehalt im Feld wurde beibehalten. Der Bügelbewehrungsgehalt wurde entlang des Trägers wiederum durch unterschiedliche Bügelabstände variiert, wobei im Bereich $x = 2.9$ bis 8.1 m der gewählte Maximalabstand von 300 mm massgebend wurde. Im Vergleich zu den ersten beiden Trägern ergab sich dadurch eine um 15% geringere Menge an Betonstahl. Der Versuchsablauf ist in der **Tabelle 4.3** zusammengestellt und kann anhand der in **Bild 4.21** gezeigten Diagramme nachvollzogen werden.

Bei einer Last von $P = 51$ kN ($Q = 72$ kN) konnten unmittelbar über dem Lager B und 500 mm links davon zwei Biegerisse festgestellt werden. Ihre Weiten waren noch sehr gering und ihre Tiefen betrugen ungefähr 30 und 60 mm. Bis zur Laststufe 4 hatten sich beim Lager B von $x = -2.1$ bis 1.7 m und im Feld von $x = 4.8$ bis 7.8 m weitere Risse gebildet. Beim Lager B (**Bild 4.28**) wurden im oberen Flansch Rissweiten von 0.05 bis 0.1 mm gemessen, und der Rissabstand betrug im Mittel 100 mm. Im Steg betrugen die Rissweiten der geneigten Risse 0.1 bis 0.2 mm, und die Neigung der äusser-

Laststufen Nr.	Einzellast P [kN]	Linienlast Q [kN]	Durchbiegung w_{10} [mm]	Durchbiegung w_{18} [mm]	Bemerkungen
3	53.6 ... 51.6	75.2 ... 73.1	1.3	0.3	ca. Risslast
4	200 ... 186	311 ... 290	14.7	2.0	vollst. Messung
5	0	0	3.6	1.4	Entlastung
6	400 ... 380	629 ... 592	41.3	5.7	vollst. Messung
7	0	0	7.1	3.3	Entlastung
8	445 ... 420	718 ... 675	49.5	7.6	vollst. Messung, w_{10} blockiert
9	460 ... 443	1335 ... 1274	49.0	43.7	vollst. Messung
10	464 ... 439	1477 ... 1392	49.4	129.0	vollst. Messung
11	473 ... 445	1535 ... 1444	49.3	186.5	Teilmessung
12.1	477	$Q_{max} = 1560$	49.2	216.4	
12.2	$P_{max} = 481$	1531	73.5	226.9	Traglast
	469	1500	176.9	226.9	Bruch

Tabelle 4.3: Versuchsablauf beim Träger T3.

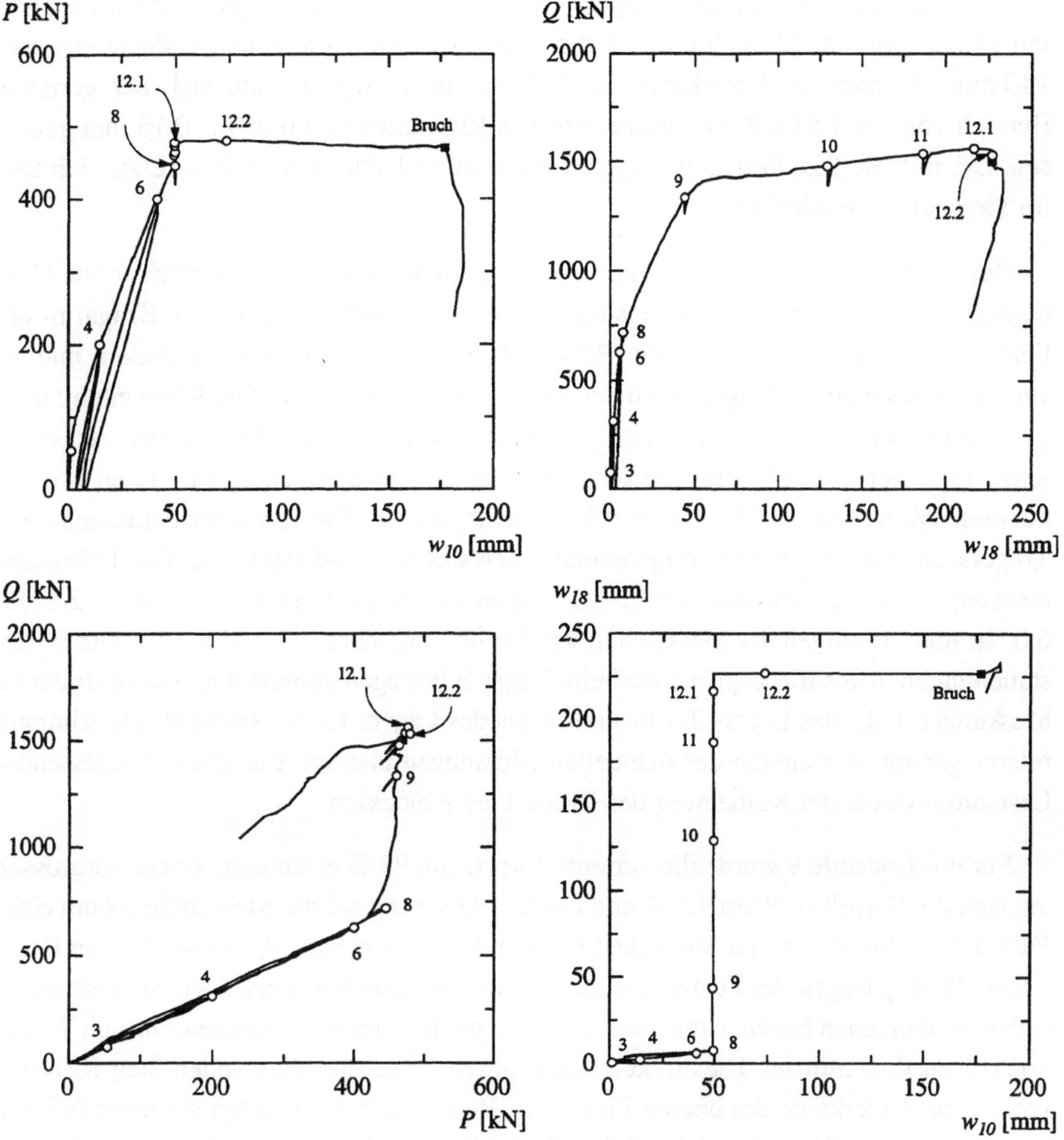

Bild 4.21: Träger T3: gemessene Lasten (P, Q) und Durchbiegungen (w_{10}, w_{18}).

sten Risse lag bei ungefähr 45°. Im Feld hatten sich nur vertikale Risse gebildet, deren längster etwa 60 mm unterhalb des oberen Flansches endete. Ihre Weiten betrugen 0.05 bis 0.1 mm. Aufgrund einer undichten Ölleitung musste der Träger anschliessend entlastet werden.

Bei Laststufe 6 erstreckte sich beim Lager B der gerissene Bereich von $x = -2.9$ bis 2.9 m. Im oberen Flansch konnten Rissweiten zwischen 0.1 und 0.25 mm gemessen werden. Die Weiten der geneigten Risse im Steg betrugen 0.15 bis 0.4 mm. Die anfänglich relativ steilen Risse wurden nun durch bedeutend flachere Risse gekreuzt oder setzten sich zum unteren Flansch hin flacher fort. Die äussersten Risse im Kragarm wiesen Neigungen von 26 bis 30° auf, und ihre Abstände betrugen 100 bis 150 mm. Rechts vom Lager B verliefen die Steg-Risse ebenfalls mit Neigungen von ungefähr 30°, die Rissabstände waren jedoch deutlich geringer. Unmittelbar über dem Lager B liefen die Risse mit Neigungen von 65 bis 90° bis in den unteren Flansch hinein und endeten erst etwa 140 mm oberhalb der Unterkante des Trägers. Im Feld erstreckte sich der gerissene Bereich von x = 4.5 bis 8.7 m, und es wurden Rissweiten von 0.05 bis 0.15 mm gemessen. Der mittlere Rissabstand betrug nun 150 mm, und jeder zweite Riss setzte sich auch im Steg nahezu vertikal fort.

Bei Laststufe 8 wurden die Lasten P und Q im Vergleich zur Laststufe 6 um 11 %, respektive 14 % vergrössert. Daraus resultierten 20 % und 33 % grössere Kragarm- und Felddurchbiegungen. Das Rissbild (**Bild 4.29**) hatte sich dabei nicht verändert, und nur vereinzelt konnten Verlängerungen der Risse festgestellt werden. Die Rissweiten hingegen hatten sich vergrössert und betrugen im oberen Flansch 0.1 bis 0.4 mm, wobei die Risse in Lagernähe grössere Zuwächse aufwiesen. Bei den geneigten Rissen im Steg konnten Weiten von 0.2 bis 0.6 mm festgestellt werden. Die Risse im Feldbereich des Trägers blieben gleich oder vergrösserten sich um maximal 0.05 mm. Die Dehnungsmessungen der Messstellen 406 bis 415 lagen bei dieser Laststufe zwischen 2.1 und 6.0 ‰, und diejenigen der Messstellen 456 bis 465 zwischen 1.3 und 6.3 ‰. Die Betonstauchungen in der Biegedruckzone beim Lager B betrugen gemäss den fest verdrahteten Messungen links des Lagers 2.3 ‰ und rechts des Lagers 1.9 ‰. Diese Werte stimmten relativ gut mit denjenigen der manuellen Messungen überein. Für die anschliessenden Laststufen wurde der Kolbenweg der Druck-Presse blockiert.

Für die Laststufe 9 wurde die verteilte Last Q um 98 % gesteigert. Dabei vergrösserten sich die Einzellast P um 9.5 % und die Durchbiegung bei der Messstelle *18* um einen Faktor 5.75. Bei konstanter Steifigkeit entlang des Trägers hätte der Zuwachs von P hingegen 48 % betragen. Im Feld hatten sich zahlreiche neue Risse gebildet. Sie erstreckten sich nun über einen Bereich von x = 2.1 bis 9.5 m und wiesen im unteren Flansch Weiten von 0.1 bis 0.45 mm auf. Die direkt an die Flansch-Risse anschliessenden Steg-Risse liefen bis zur Unterkante des oberen Flansches. Beim Lager A verliefen sie unter Neigungen von 36 bis 40°, und auf der linken Seite dieses Feldbereichs konnte eine flachste Neigung von 26° festgestellt werden. Die Weiten der geneigten Risse betrugen 0.2 bis 0.3 mm. Im Bereich des Lagers B hatten sich kaum neue Risse gebildet, die vorhandenen Risse hatten sich jedoch verlängert, weiter geöffnet oder sogar wieder geschlossen. Im oberen Flansch wurden von x = -2.9 bis 2.4 m geöffnete Risse festgestellt; die grössten Rissweiten von 1 bis 2 mm konnten unmittelbar über dem Lager B gemessen werden. Aus den Dehnungsverläufen in den **Bildern 4.23** und **4.25** kann der Bereich, in dem die Rissweiten stark zunahmen, herausgelesen werden. Im Steg hatten sich vor allem die steileren Risse beim Lager B weiter geöffnet. Diese Risse hatten sich im unteren Flansch zudem verlängert und reichten nun bis ungefähr 100 mm über die untere Trägerkante. Die stärker geneigten Steg-Risse hingegen hatten sich im Kragarm kaum, und rechts des Lagers nur geringfügig verändert. Bei einer Last von ungefähr $Q = 1100$ kN bildeten sich in der Biegedruckzone beim Lager B erste Stauchungsrisse. Sie erstreckten sich bei Laststufe 9 über eine Länge von 450 mm; die obere Begrenzung dieser Zone lag ungefähr 50 mm über der Unterkante des Trägers.

Bei der weiteren Steigerung der Feld-Durchbiegungen mussten auch die Lasten geringfügig vergrössert werden. Entsprechend der sich laufend ändernden Beanspruchungssituation bildeten sich neue Risse im unteren Flansch, währenddem sich die am weitesten rechts liegenden Risse im oberen Flansch wieder schlossen. Bei Laststufe 10 lösten sich auf der Kragarmseite des Lagers B erste Teile des Überdeckungsbetons der Biegedruckzone ab. Diese Abplatzungen betrafen einen ungefähr 150 mm langen Bereich und reichten bis auf die halbe Flanschhöhe.

Bei Laststufe 11 wurde nur eine Teilmessung durchgeführt. Dabei wurden die horizontal laufenden Messreihen auf dem oberen und dem unteren Flansch berücksichtigt. Die Zerstörung der Biegedruckzone war nur unwesentlich fortgeschritten. In den Zug-Flanschen hatten sich die Risse zunehmend verästelt, und es bildeten sich zwischen den quer zur Trägerachse verlaufenden Rissen teilweise auch Längsrisse. Bei einer Durchbiegung w_{18} von etwa 220 mm (Laststufe 12.1) konnten im Feldbereich des oberen Flansches, zwischen x = 5.6 und 6.2 m, erste Betonaufstauchungen beobachtet werden. Die Biegerisse in diesem Abschnitt hatten sich in der Zwischenzeit bis in die Mitte des oberen Flansches verlängert. Die grösste Durchbiegung im Feld wurde bei der Messstelle *19* gemessen und betrug 235 mm. Anschliessend wurde bei konstant gehaltener Felddurchbiegung der Kolbenweg der Druck-Presse weiter vergrössert. Dabei platzten in der Biegedruckzone beim Lager B weitere Teile des Überdeckungsbetons ab. Bei einer Durchbiegung w_{10} von ungefähr 140 mm wurden erste Ausbauchungen der mittlerweile freigelegten untersten Bewehrungsstäbe links vom Lager B beobachtet. Diese Stäbe knickten schliesslich bei einer Durchbiegung w_{10} von 177 mm aus, und die Einzellast *P* fiel schlagartig um ungefähr 25 % ab. Anschliessend konnte der Träger kontrolliert entlastet werden.

Bild 4.30 zeigt den Träger nach der Entlastung. Die Durchbiegungen w_{10} und w_{19} betrugen in diesem Zustand noch ungefähr 180 mm, respektive 185 mm.

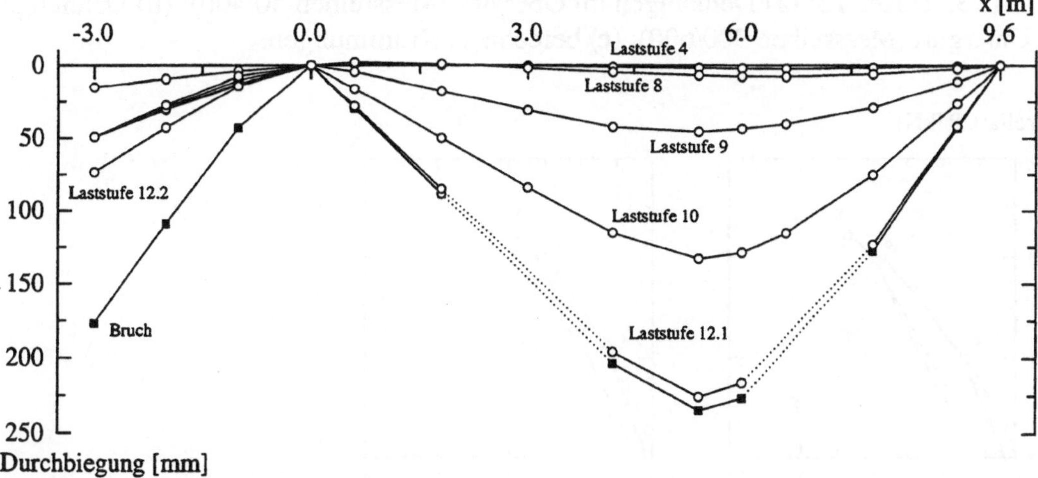

Bild 4.22: Träger T3: Durchbiegungen des Trägers für ausgewählte Laststufen.

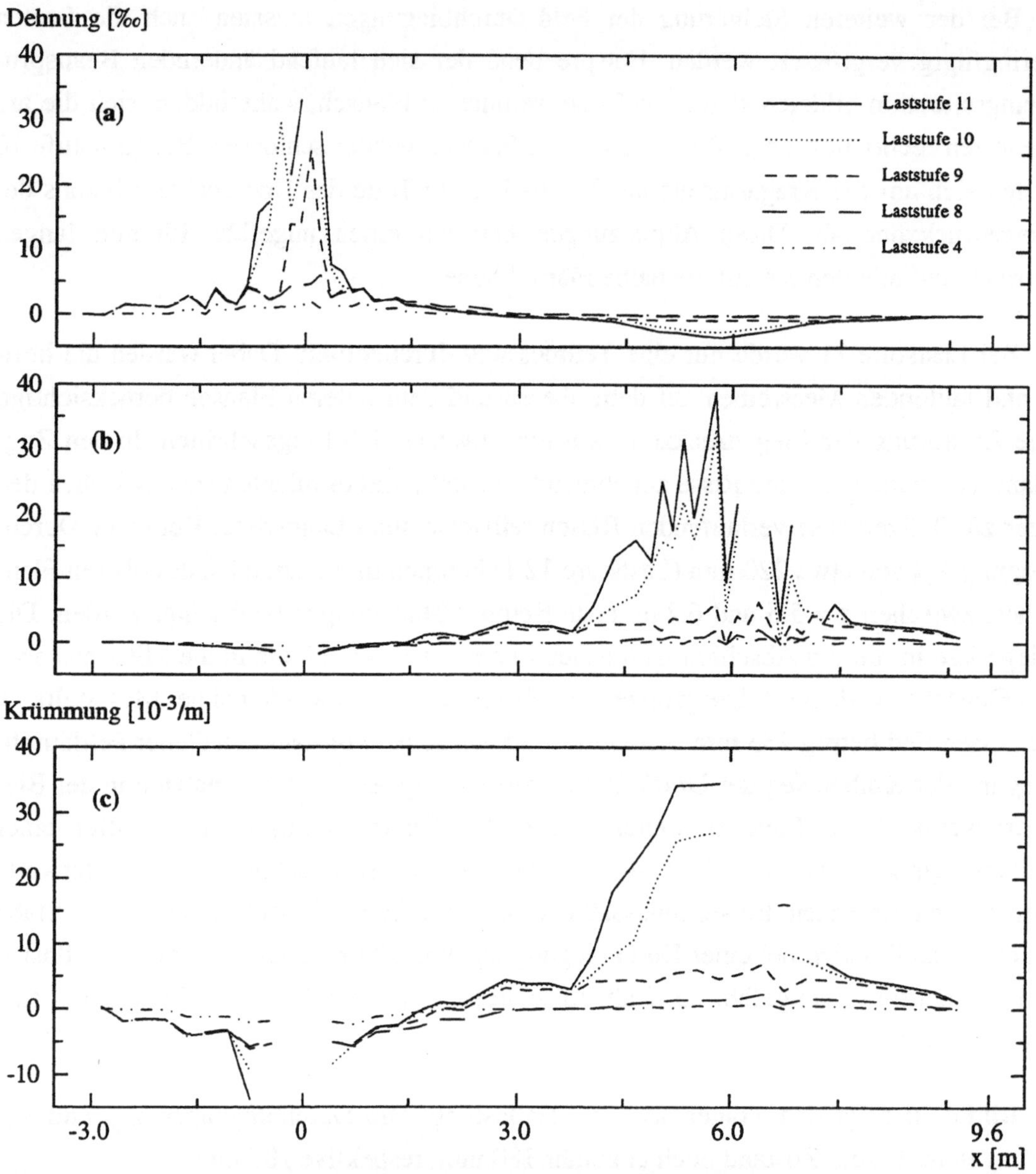

Dehnung [‰]

Krümmung [10^{-3}/m]

Bild 4.23: Träger T3: **(a)** Dehnungen im Obergurt (Messreihen 50/400); **(b)** Dehnungen im Untergurt (Messreihen 300/600); **(c)** berechnete Krümmungen.

Einzellast P [kN]

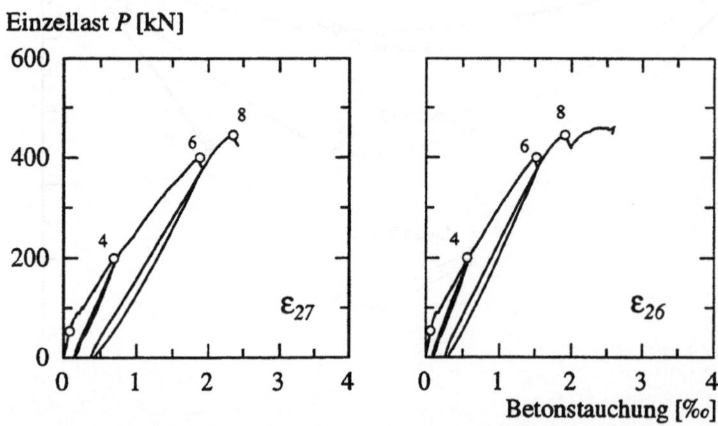

Bild 4.24: Träger T3: Betonstauchungen links (ε_{27}) und rechts (ε_{26}) des Lagers B.

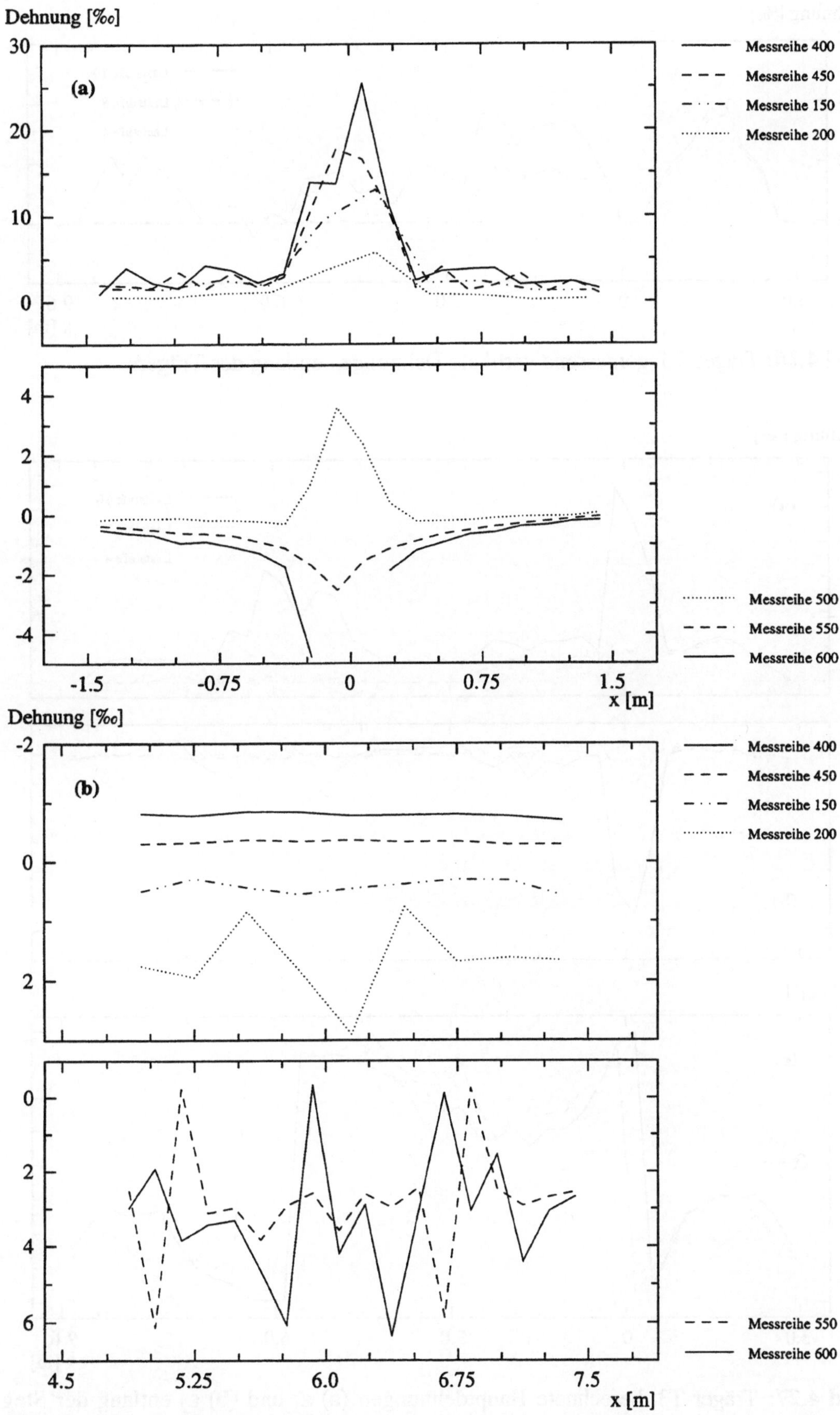

Bild 4.25: T3, Laststufe 9: Dehnungen **(a)** im Bereich des Lagers B und **(b)** im Feld.

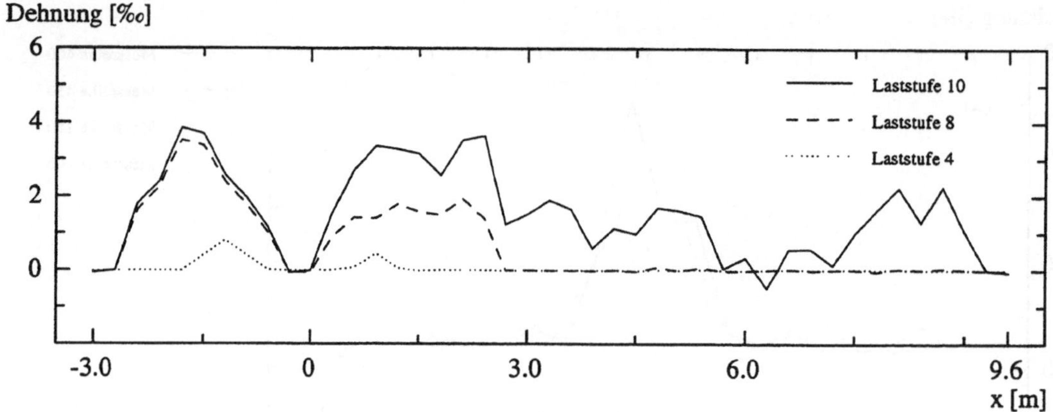

Bild 4.26: Träger T3: gemessene vertikale Dehnungen entlang des Trägers.

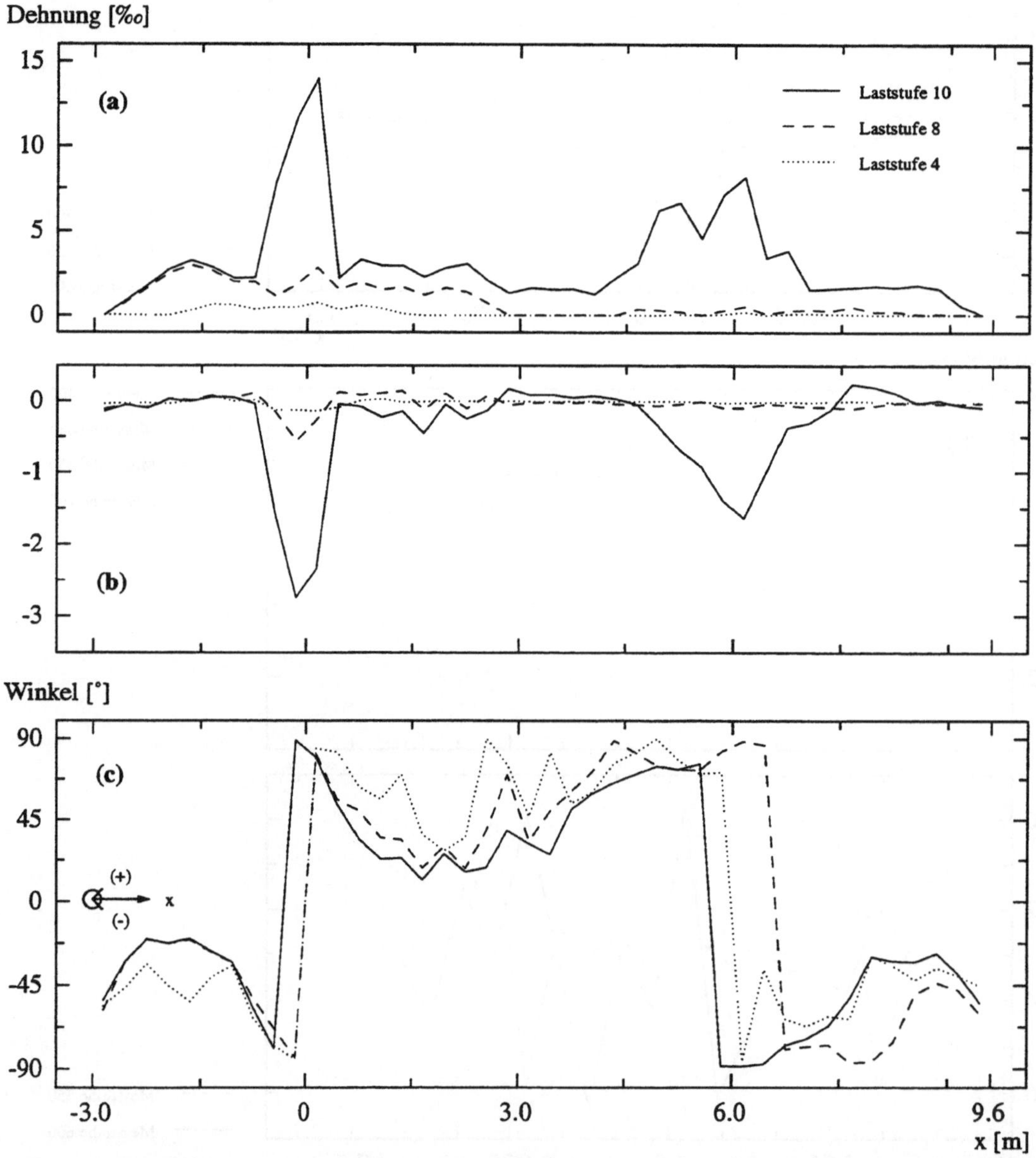

Bild 4.27: Träger T3: berechnete Hauptdehnungen **(a)** ε_1 und **(b)** ε_2 entlang der Steg-achse; **(c)** Neigung der Hauptdehnung ε_2 bezüglich der x-Achse.

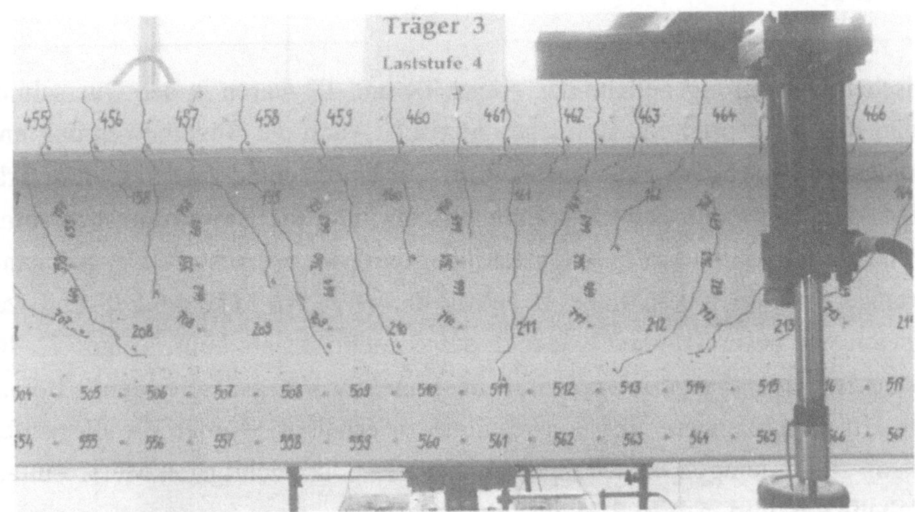

Bild 4.28: Träger T3: Rissbild im Bereich des Lagers B bei Laststufe 4.

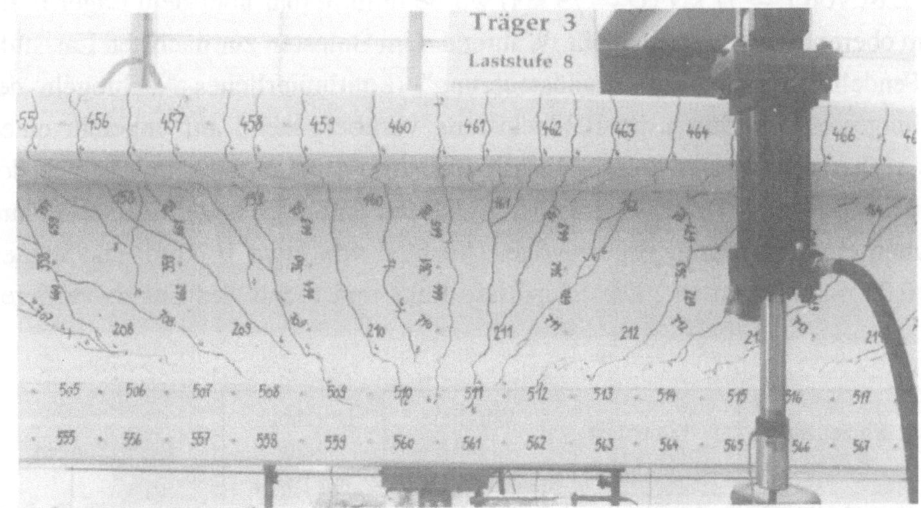

Bild 4.29: Träger T3: Rissbild im Bereich des Lagers B bei Laststufe 8.

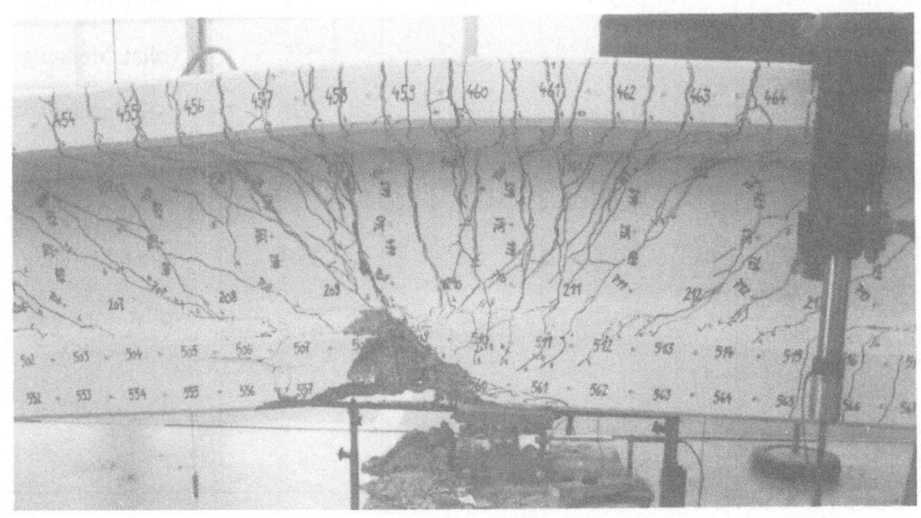

Bild 4.30: Träger T3: Bereich des Lagers B nach dem Bruch.

4.5 Träger T4

Die geometrischen Bewehrungsgehalte der Träger T4 und T2 waren in den Querschnitten der am stärksten beanspruchten Bereiche identisch. Auch die Bügelbewehrung und die Verankerungsdetails wurden gleich ausgeführt. Im Unterschied zu den andern Trägern waren hier die Längsstäbe jedoch alle gleich lang, und die Bewehrung war somit nicht entsprechend dem Verlauf der Gurtkräfte, über die Länge abgestuft. Der mechanische Bewehrungsgehalt über dem Lager B betrug $\omega = (A_s \cdot f_y)/(b_u \cdot d \cdot f_c) = 0.278$ und war somit etwa gleich wie beim Träger T1, jedoch etwas niedriger als beim Träger T2. Im Vergleich zu diesen beiden Trägern wurde eine um ungefähr 8 % grössere Menge Betonstahl benötigt. Um vergleichbare Versuchsresultate zu erhalten, wurden die Laststufen möglichst analog zu denjenigen beim Träger T2 gewählt. Die wichtigsten Messresultate sind in der **Tabelle 4.4** und in **Bild 4.31** zusammengestellt.

Bei einer Last von $P = 51$ kN ($Q = 79$ kN) wurde unmittelbar über dem Lager B ein erster Riss im oberen Flansch festgestellt. Während dem Belasten zur nächsten Laststufe wurde das Pendelmanometer auf "Handsteuerung" (kontinuierliches Nachregeln der Federkraft) umgestellt, wodurch die Feldbelastung vorübergehend auf ungefähr einen Drittel ihres vorherigen Wertes abfiel. Bis zur Laststufe 4 hatten sich im Bereich des Lagers B von x = -1.7 bis 1.7 m Risse im oberen Flansch und im Steg gebildet. Die Flansch-Risse hatten einen mittleren gegenseitigen Abstand von etwa 100 mm und wiesen Weiten von 0.05 bis 0.1 mm auf. Die Steg-Risse links und rechts des Lagers verliefen

Laststufen Nr.	Einzellast P [kN]	Linienlast Q [kN]	Durchbiegung w_{10} [mm]	Durchbiegung w_{18} [mm]	Bemerkungen
3	51.6 ... 49.3	79.1 ... 75.5	1.5	0.3	ca. Risslast
4	212 ... 206	317 ... 312	11.2	1.3	vollst. Messung
5	397 ... 379	625 ... 590	24.7	5.5	vollst. Messung
6	0	0	3.9	3.0	Entlastung
7	742 ... 689	1184 ... 1107	57.4	13.1	vollst. Messung, w_{10} blockiert
8	$P_{max} = 764$	1576 ... 1493	57.1	35.4	vollst. Messung
9	759 ... 686	$Q_{max} = 1716$	57.2	51.6	vollst. Messung, Traglast
10	746	1613	65.9	53.1	Rest-Traglast
	716	1552	71.9	53.2	Bruch

Tabelle 4.4: Versuchsablauf beim Träger T4.

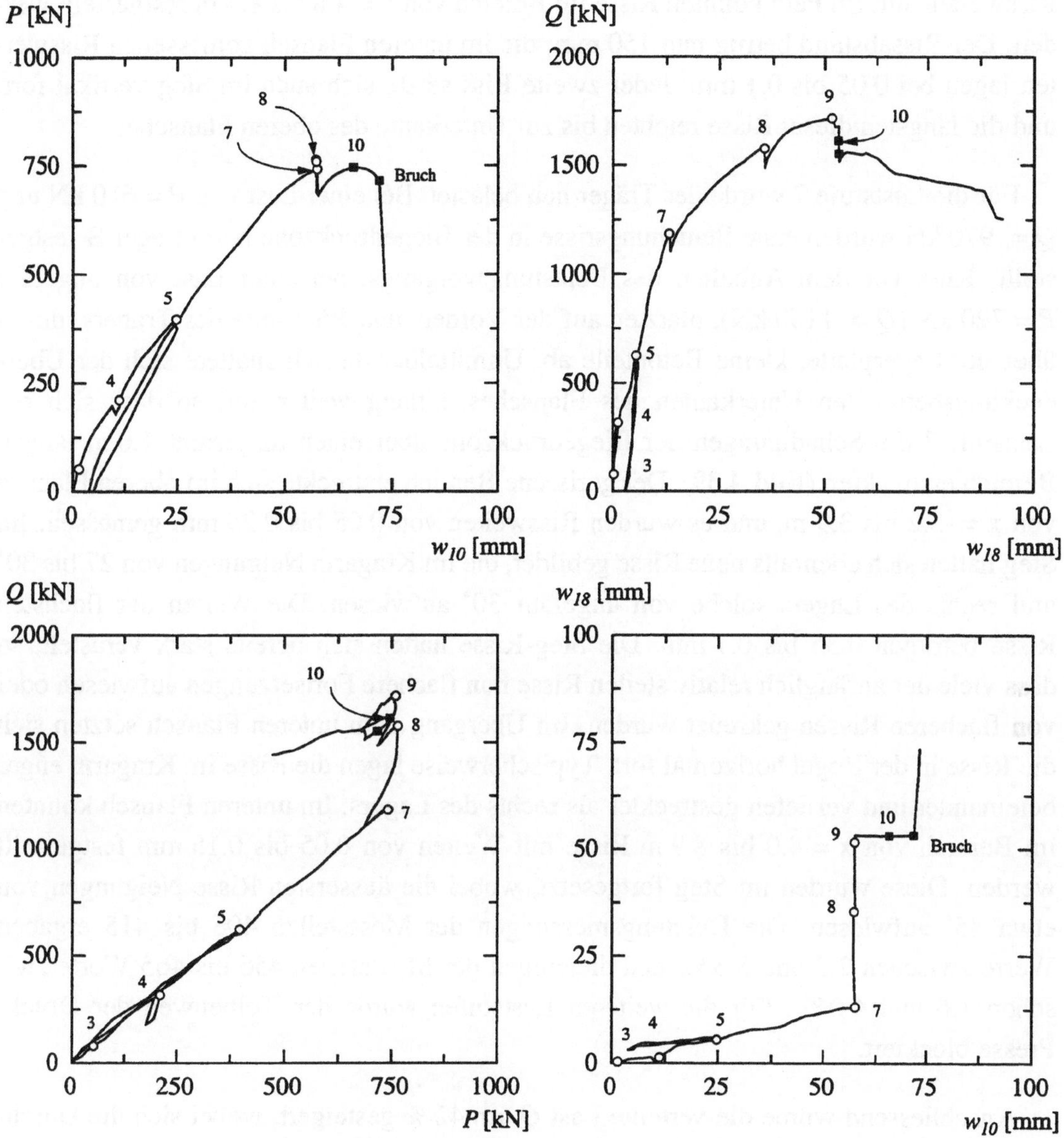

Bild 4.31: Träger T4: gemessene Lasten (P, Q) und Durchbiegungen (w_{10}, w_{18}).

mit Neigungen von 40 bis 50°; ihre Weiten lagen bei 0.05 bis 0.15 mm. Im Feld des Trägers wurden Risse im Bereich von x = 4.8 bis 8.1 m festgestellt. Ihre Weiten betrugen maximal 0.05 mm, und die Risse lagen etwa 300 mm auseinander. Die mittleren vier Risse in diesem Abschnitt wurden auch im Steg vertikal fortgesetzt und liefen bis ungefähr in die Mitte des Steges.

Bei Laststufe 5 erstreckte sich der gerissene Bereich beim Lager B von x = -2.7 bis 2.8 m (**Bild 4.38**). Im oberen Flansch betrugen die Rissweiten 0.05 bis 0.15 mm. Die Risse im Steg des Trägers verliefen im Kragarm und rechts des Lagers B mit Neigungen von 30 bis 35°. Ihre Weiten lagen bei ungefähr 0.2 bis 0.3 mm. In der näheren Umgebung des Lagers wurden die Risse steiler, verliefen gekrümmter und wiesen kleinere

Rissweiten auf. Im Feld konnten Risse im Bereich von x = 4.8 bis 8.4 m festgestellt werden. Der Rissabstand betrug nun 150 mm; die im unteren Flansch gemessenen Rissweiten lagen bei 0.05 bis 0.1 mm. Jeder zweite Riss setzte sich auch im Steg vertikal fort, und die längsten dieser Risse reichten bis zur Unterkante des oberen Flansches.

Für die Laststufe 7 wurde der Träger neu belastet. Bei einer Last von $P = 610$ kN und $Q = 970$ kN wurden erste Stauchungsrisse in der Biegedruckzone beim Lager B festgestellt. Kurz vor dem Anhalten des Belastungsvorgangs, bei einer Last von ungefähr $P = 720$ kN ($Q = 1150$ kN), platzten auf der Vorder- und Rückseite des Trägers, direkt über der Lagerplatte, kleine Betonteile ab. Unmittelbar danach spaltete sich der Überdeckungsbeton den Unterkanten des Flansches entlang weiter auf, so dass sich bei Laststufe 7 die Schädigungen der Biegedruckzone über einen insgesamt 1.0 m langen Bereich erstreckten (**Bild 4.39**). Der gerissene Bereich erstreckte sich im oberen Flansch von x = -3.2 bis 3.9 m, und es wurden Rissweiten von 0.05 bis 0.25 mm gemessen. Im Steg hatten sich ebenfalls neue Risse gebildet, die im Kragarm Neigungen von 27 bis 30° und rechts des Lagers solche von ungefähr 30° aufwiesen. Die Weiten der flachsten Risse betrugen 0.35 bis 0.7 mm. Die Steg-Risse hatten sich bereits stark verästelt, so dass viele der anfänglich relativ steilen Risse nun flachere Fortsetzungen aufwiesen oder von flacheren Rissen gekreuzt wurden. Im Übergang zum unteren Flansch setzten sich die Risse in der Regel horizontal fort. Typischerweise lagen die Risse im Kragarm enger beieinander und verliefen gestreckter als rechts des Lagers. Im unteren Flansch konnten im Bereich von x = 4.0 bis 8.9 m Risse mit Weiten von 0.05 bis 0.15 mm festgestellt werden. Diese wurden im Steg fortgesetzt, wobei die äussersten Risse Neigungen von etwa 45° aufwiesen. Die Dehnungsmessungen der Messstellen 406 bis 415 ergaben Werte zwischen 2.3 und 5.6 ‰ und diejenigen der Messstellen 456 bis 465 Werte zwischen 1.6 und 4.0 ‰. Für die weiteren Laststufen wurde der Kolbenweg der Druck-Presse blockiert.

Anschliessend wurde die verteilte Last Q um 42 % gesteigert, wobei sich die Durchbiegung bei der Messstelle *18* um einen Faktor 2.7 vergrösserte. Bei einer Last von ungefähr $Q = 1350$ kN ($w_{18} \approx 22$ mm) platzten entlang der unteren Kanten der Biegedruckzone beim Lager B grössere Teile des Überdeckungsbetons ab. Es handelte sich dabei um zusammenhängende Betonlamellen, die sich entlang grosser Spaltrisse vom Träger lösten. Wie schon bei den vorhergehenden Trägern konnten auf den Spaltflächen relativ viele Kornbrüche festgestellt werden. Bis zur Laststufe 8 hatten sich im Feld und rechts des Lagers B neue Risse gebildet. Im Feld wiesen die Flansch-Risse maximale Weiten von 0.3 bis 0.4 mm auf. Im oberen Flansch beim Lager B betrug die Weite des grössten Risses 0.9 mm. Im Steg wurden links und rechts des Lagers, je ungefähr 1.1 m vom Lager entfernt, grösste Risse mit Weiten von 1.4 und 1.2 mm gemessen. Im Mittel lagen die Öffnungen der geneigten Risse jedoch bei etwa 0.6 mm.

Im weiteren Versuchsfortschritt bildeten sich vor allem im Steg, rechts des Lagers B, einzelne neue Risse. Es handelte sich dabei um Verlängerungen bereits bestehender Risse und um Verzweigungsrisse, speziell in der unteren Steghälfte. Die flachsten Rissneigungen betrugen ungefähr 22°. Risse aus verschiedenen Laststufen bildeten so, mit zahlreichen Verästelungs- und Verbindungsrissen eigentliche Rissbänder, deren Hauptöffnungsrichtungen jeweils ungefähr quer zu den flachsten Rissverbindungen lagen. Bei Laststufe 9 konnten im Steg, im Bereich von x = 0.6 bis 2.0 m, Rissweiten von 1.6 bis 2.5 mm festgestellt werden, und es platzten vereinzelt dünne Betonplättchen von der Stegfläche ab. Im Übergangsbereich vom Steg zum Flansch, 400 mm rechts des Lagers B, zeigten sich über eine Länge von etwa 100 mm erste Aufstauchungen des Stegbetons. Während der Durchführung der manuellen Messungen fielen die Lasten um ungefähr 10 % ab.

Bei der anschliessenden Steigerung der Kragarmdurchbiegungen mussten auch die Lasten geringfügig erhöht werden. Die Einzellast P erreichte dabei einen Wert, der nur gerade 2.5 % unter der Maximallast lag. Danach fielen die Lasten jedoch deutlich ab, und durch nochmaliges Steigern der Felddurchbiegungen wurde der Entfestigungsprozess zusätzlich beschleunigt, erfolgte aber immer noch kontrolliert. Im Fächerbereich rechts des Lagers B wurde der Überdeckungsbeton des Steges und des unteren Flansches kontinuierlich abgeschält. Beim Bruch des Trägers wurde die Biegedruckzone 300 mm rechts des Lagers B entlang einer um 40° geneigten Fläche abgeschert, was dazu führte, dass die aussen liegenden Bewehrungsstäbe in dieser Zone ausknickten und ein Umschnürungsbügel bei einer Abbiegestelle zerrissen wurde. Die obere Flanschplatte wurde im Bereich von x = 0.5 bis 1.7 m nahezu vertikal aufgerissen. **Bild 4.40** zeigt den Bereich des Lagers B nach der Entlastung des Trägers. Die Betonteile, die sich im Steg und im unteren Flansch abgelöst hatten, konnten anschliessend mühelos von Hand entfernt werden. Darunter wurden die geneigten Hauptrisse sichtbar, die den Steg in einzelne Betonkörper aufgespaltet hatten, und die auch nach der Entlastung noch Weiten von 2 bis 4 mm aufwiesen.

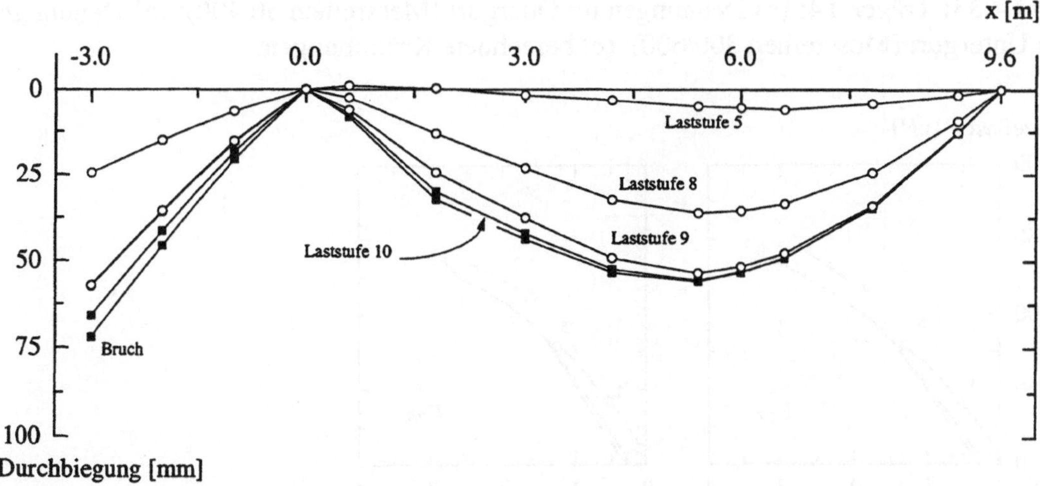

Bild 4.32: Träger T4: Durchbiegungen des Trägers für ausgewählte Laststufen.

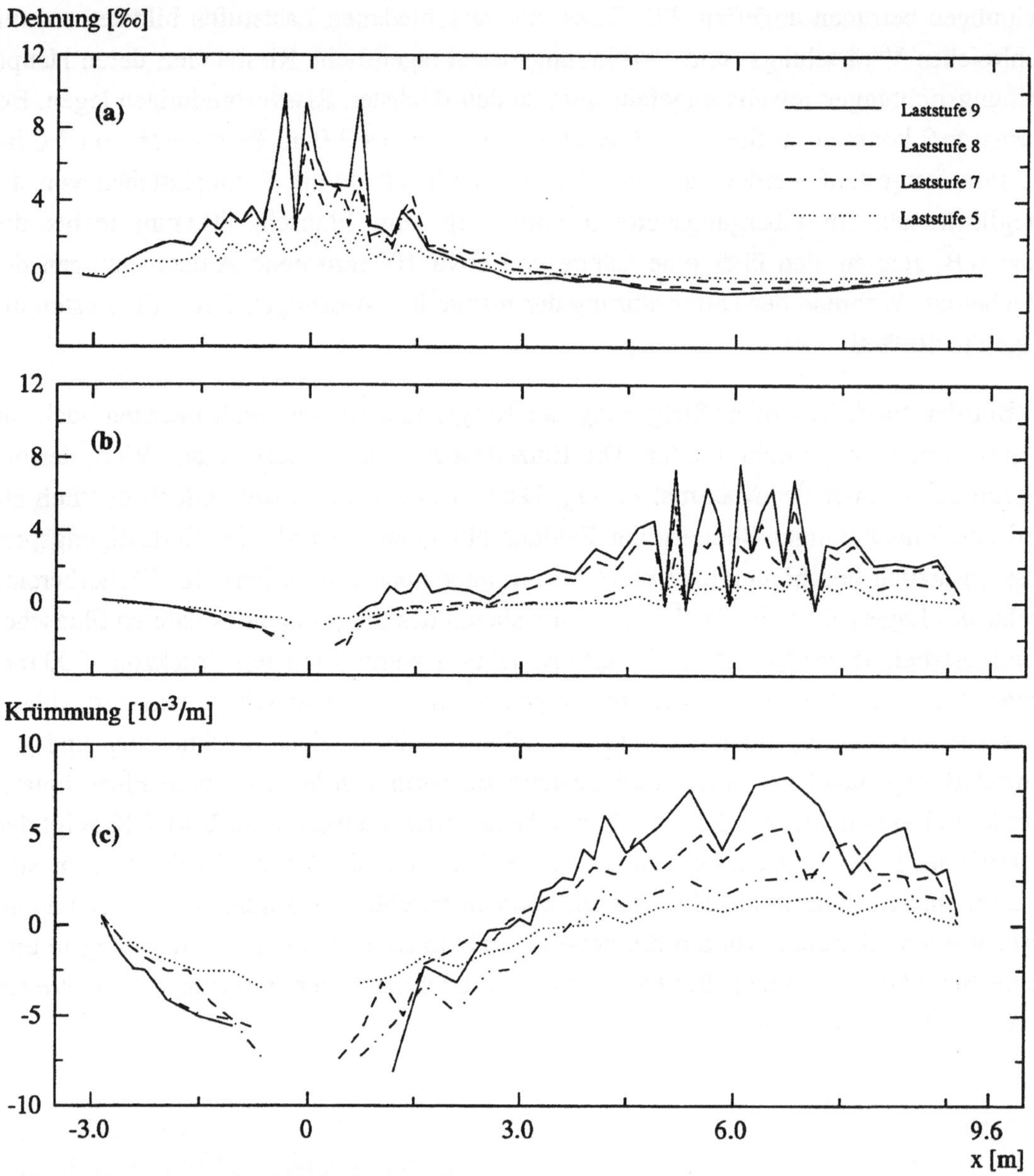

Dehnung [‰]

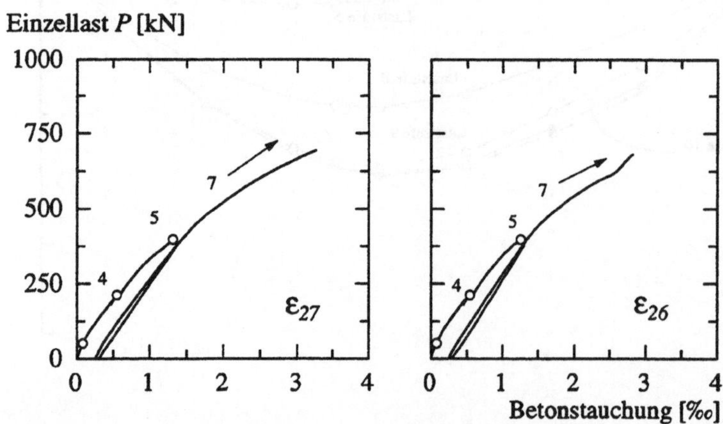

Bild 4.33: Träger T4: **(a)** Dehnungen im Obergurt (Messreihen 50/400); **(b)** Dehnungen im Untergurt (Messreihen 300/600); **(c)** berechnete Krümmungen.

Einzellast P [kN]

Bild 4.34: Träger T4: Betonstauchungen links (ε_{27}) und rechts (ε_{26}) des Lagers B.

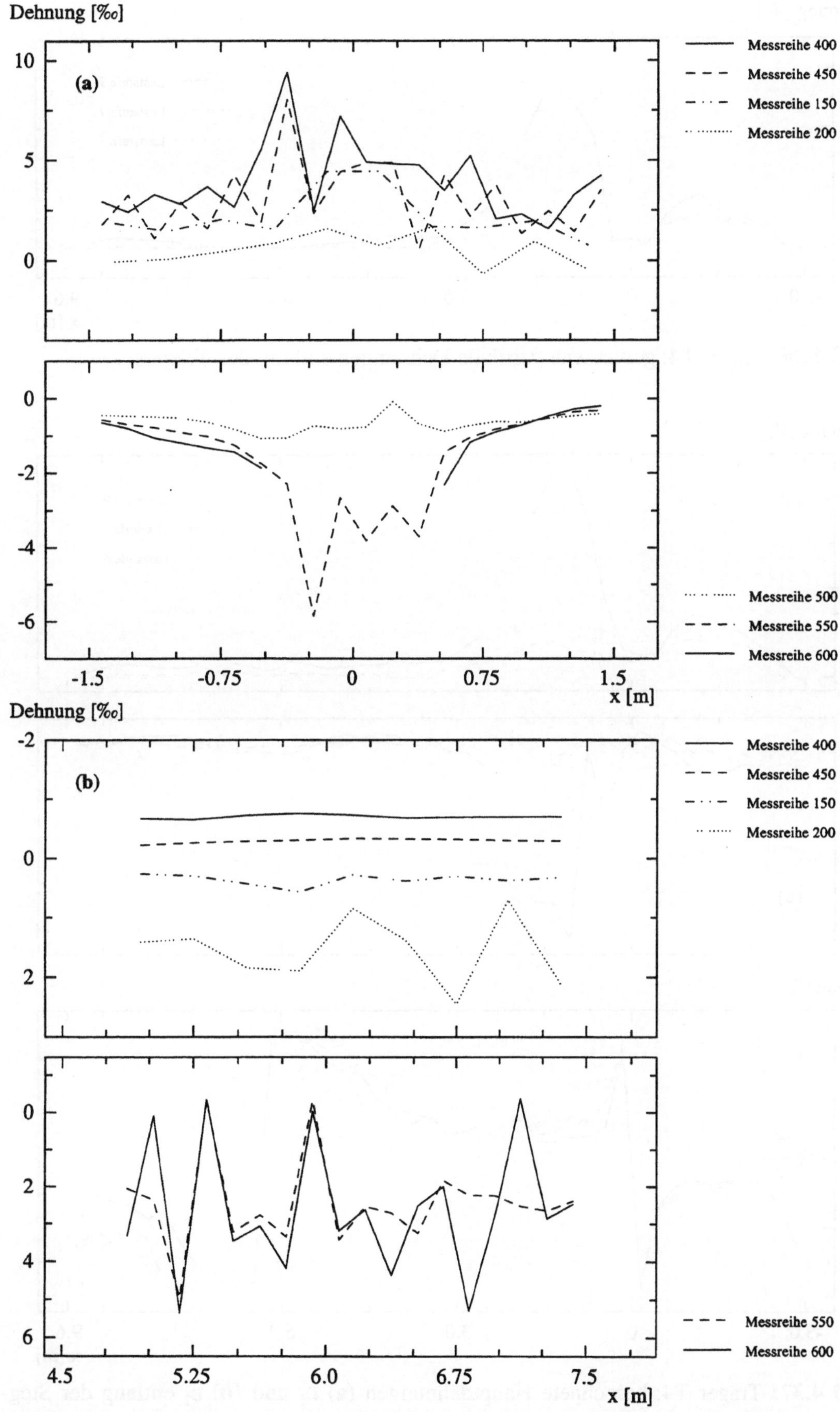

Bild 4.35: T4, Laststufe 8: Dehnungen **(a)** im Bereich des Lagers B und **(b)** im Feld.

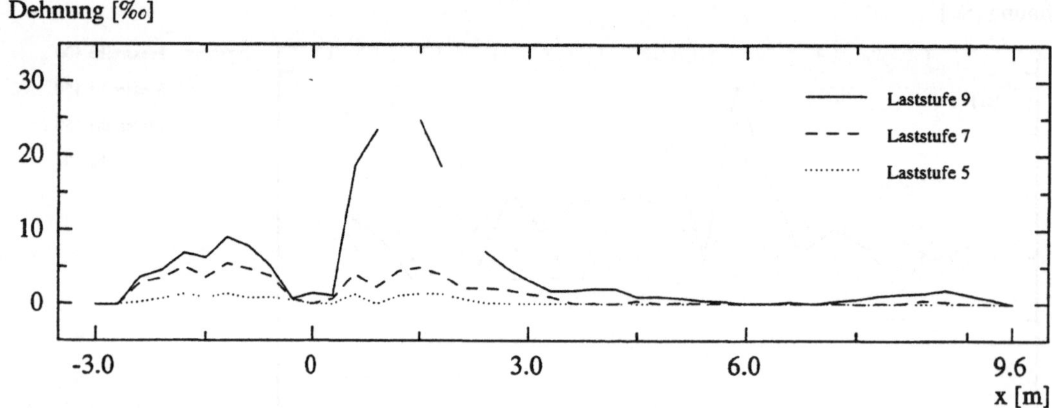

Bild 4.36: Träger T4: gemessene vertikale Dehnungen entlang des Trägers.

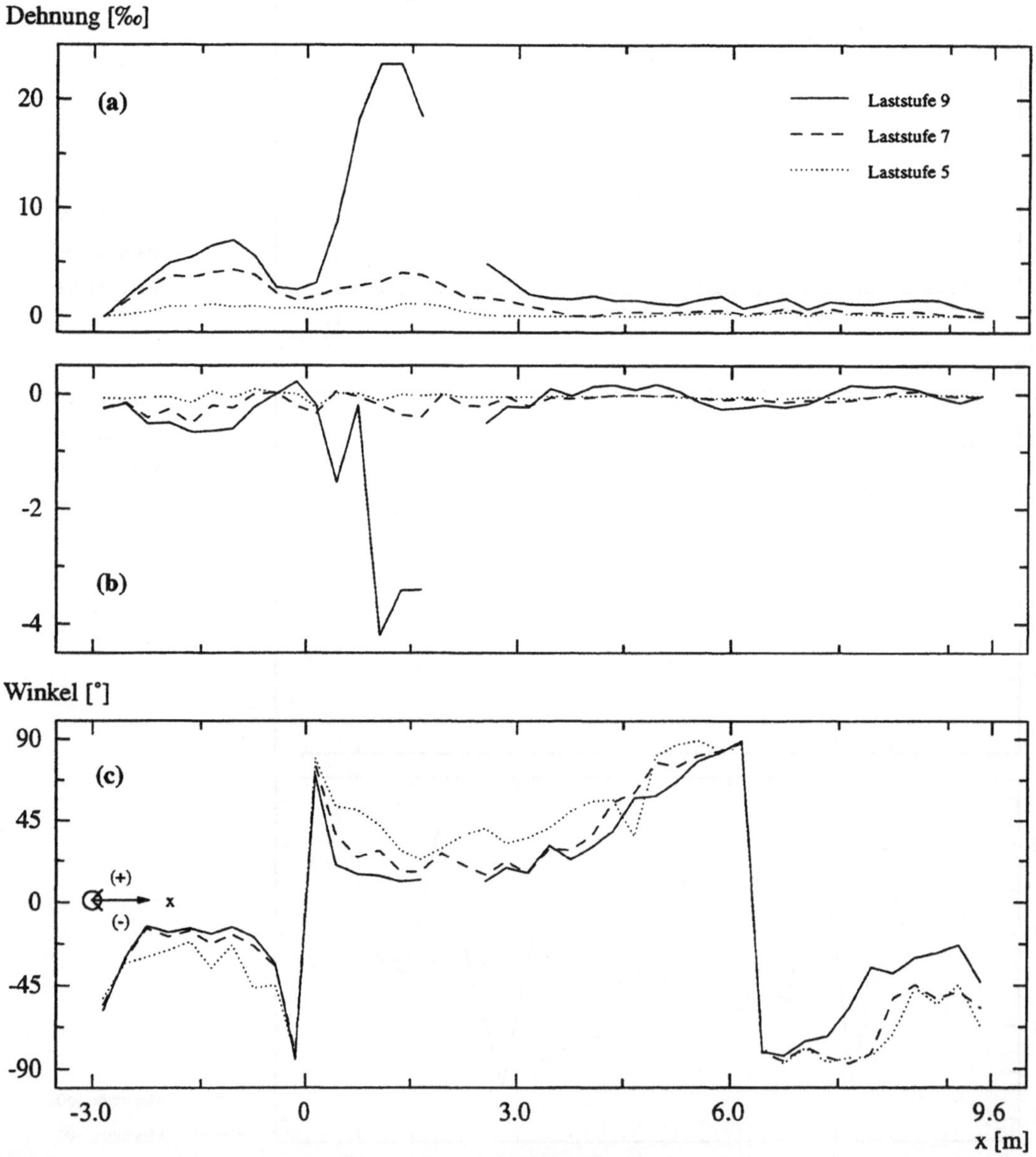

Bild 4.37: Träger T4: berechnete Hauptdehnungen (a) ε_1 und (b) ε_2 entlang der Stegachse; (c) Neigung der Hauptdehnung ε_2 bezüglich der x-Achse.

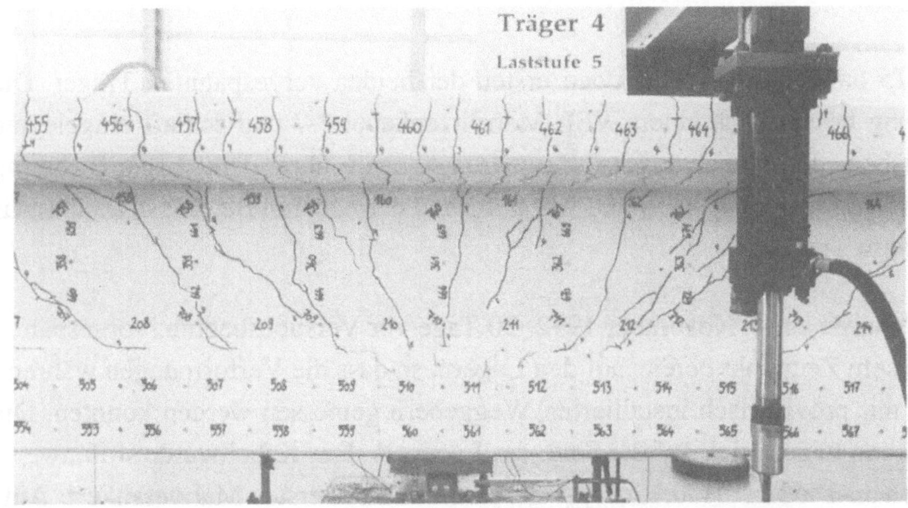

Bild 4.38: Träger T4: Rissbild im Bereich des Lagers B bei Laststufe 5.

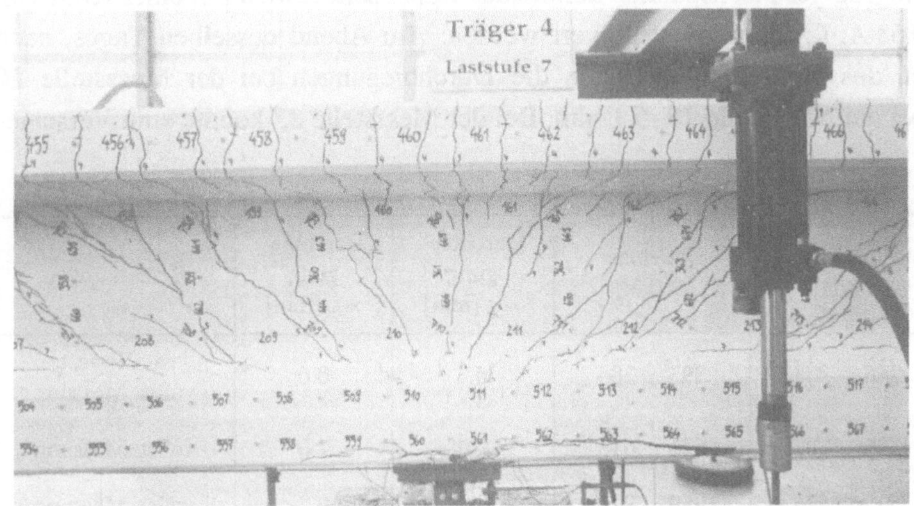

Bild 4.39: Träger T4: Rissbild im Bereich des Lagers B bei Laststufe 7.

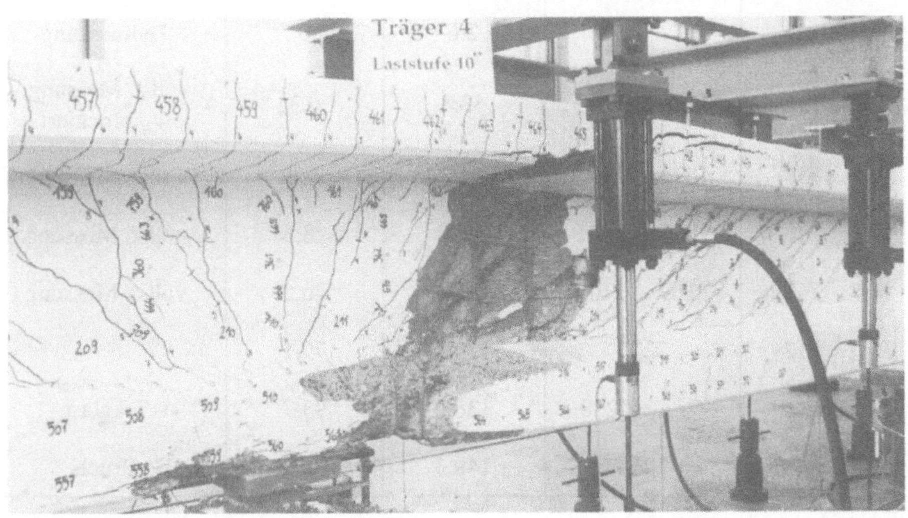

Bild 4.40: Träger T4: Bereich des Lagers B nach dem Bruch.

4.6 Träger T5

Beim Träger T5 handelte es sich um den ersten der beiden vorgespannten Träger. Die Hauptbewehrung bestand aus einem VSL-Mehrlitzenkabel 6-7 und schlaff eingelegten Bewehrungsstäben. Der mechanische Bewehrungsgehalt über dem Lager B betrug $\omega = (A_s \cdot f_{sy} + A_p \cdot f_{py})/(b_u \cdot d \cdot f_c) = 0.230$ und war aufgrund der höheren Betonfestigkeit etwas niedriger als beim Träger T1.

Der Träger wurde am 4. November 1992, 20 Tage vor Versuchsbeginn, vorgespannt. Er stand zu diesem Zeitpunkt bereits auf den Lagern, so dass die Verformungen während des Spannens mit provisorisch installierten Weggebern gemessen werden konnten. Die Spannverankerung befand sich auf der Seite des Lagers A. Das Kabel wurde stufenweise auf eine Kraft von 1450 kN ($\approx 0.75 \cdot A_p \cdot f_{pt}$) gespannt und ein erstes Mal verankert. Aufgrund des Klemmeneinzugs sank dabei die Kraft am Spannende auf ungefähr 1190 kN ab. Durch geringfügiges Nachspannen konnte das Kabel schliesslich mit einer Kraft von 1318 kN ($= 0.68 \cdot A_p \cdot f_{pt}$) definitiv verankert werden. Am Abend desselben Tages, nach dem Verfüllen des Hüllrohres, betrugen die Durchbiegungen bei der Messstelle *10* 1.1 mm und bei der Messstelle *18* -5.1 mm. Bei der Messstelle *23* konnte eine Verschie-

Laststufen Nr.	Einzellast P [kN]	Linienlast Q [kN]	Durchbiegung w_{10} [mm]	Durchbiegung w_{18} [mm]	Bemerkungen
3	256 ... 248	393 ... 384	6.3	0.6	ca. Risslast, vollst. Messung
4	396 ... 382	631 ... 618	13.4	1.0	vollst. Messung
5	593 ... 576	950 ... 926	34.5	0.7	vollst. Messung
6	0	0	3.2	0	Entlastung
7	0	0	2.6	0	Teilmessung
8	740 ... 715	1186 ... 1160	53.8	0.3	vollst. Messung, w_{10} blockiert
9	769 ... 758	1577 ... 1553	53.7	5.1	vollst. Messung
10	801 ... 770	1895 ... 1841	53.5	18.5	vollst. Messung
11	804 ... 769	2169 ... 2100	53.2	46.5	vollst. Messung
12.1	$P_{max} = 812$	2270	126.2	79.1	
12.2	806	$Q_{max} = 2278$	138.0	93.7	Traglast
	785	2266	149.3	108.8	Bruch

Tabelle 4.5: Versuchsablauf beim Träger T5.

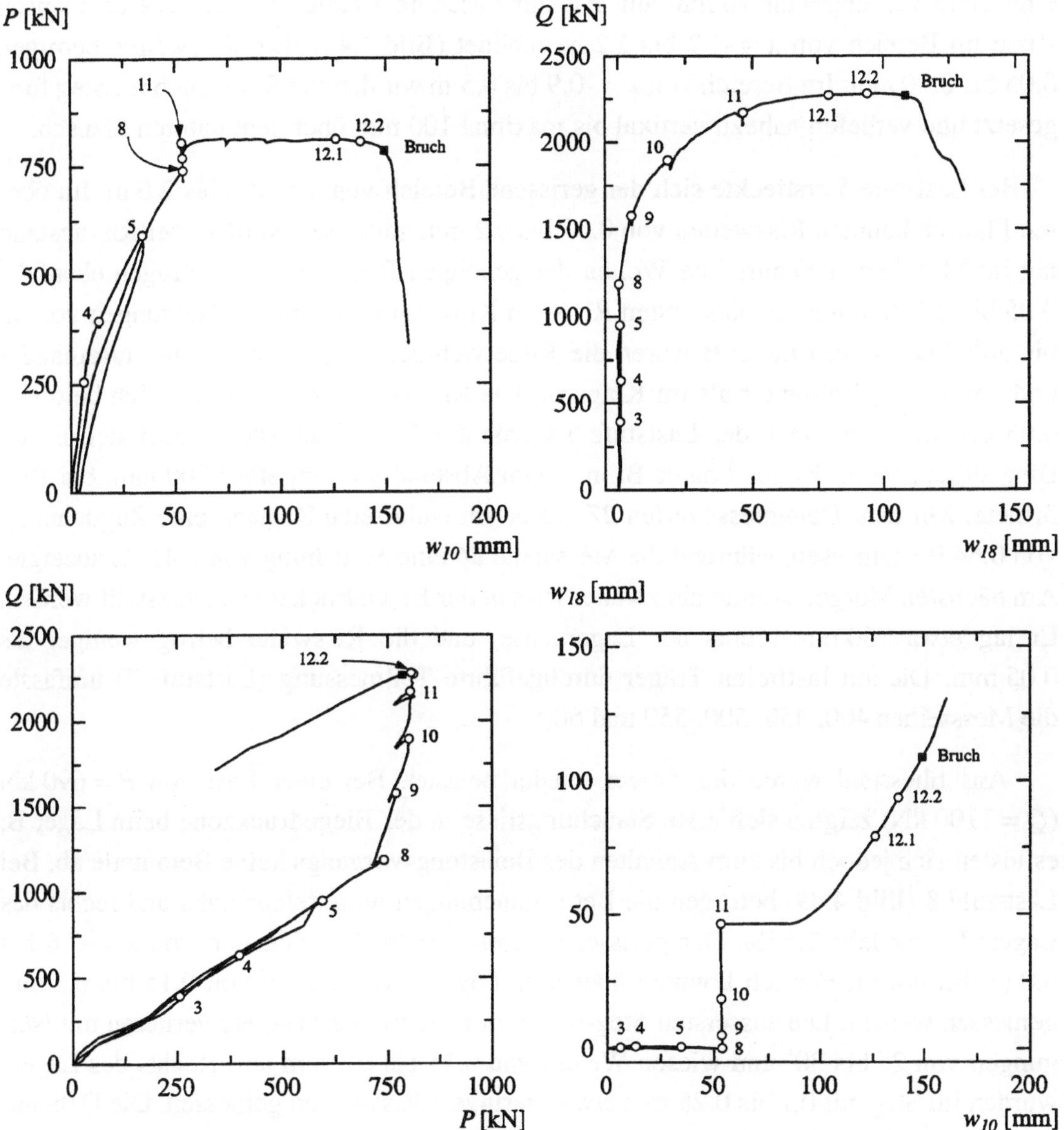

Bild 4.41: Träger T5: gemessene Lasten (P, Q) und Durchbiegungen (w_{10}, w_{18}).

bung von -2.3 mm (nach links) gemessen werden und die Messungen der Dehnmessstreifen *27* und *26* ergaben Werte von 0.08 und 0.07‰ (Zug). Innerhalb von zwei Wochen vergrösserten sich die Durchbiegungen w_{10} und w_{18} auf 1.3 und -6.0 mm und die horizontale Verschiebung w_{23} betrug dann -3.0 mm. Die Dehnungen ε_{27} und ε_{26} waren zwischenzeitlich auf 0.1 und 0.08‰ angewachsen. Für die Versuchsvorbereitungen wurden die Messeinrichtungen entfernt und nach dem Streichen des Trägers mit weisser Farbe vollständig neu installiert. Die in **Tabelle 4.5** aufgeführten Durchbiegungen beziehen sich somit auf die neue Nullage, nach dem Vorspannen des Trägers. Dasselbe gilt auch für alle anderen gemessenen Verformungen und Verzerrungen.

Bei einer Last von $P = 250\,\text{kN}$ ($Q = 385\,\text{kN}$) wurde im oberen Flansch über dem Lager B ein erster Riss festgestellt. Er lag 150 mm links von der Lagerachse und wies eine Tiefe von ungefähr 70 mm auf. Bis zur Laststufe 4 hatten sich im oberen Flansch Risse im Bereich von $x = -1.2$ bis 1.2 m gebildet (**Bild 4.48**). Die Rissweiten betrugen 0.05 bis 0.10 mm. Im Bereich von $x = -0.9$ bis 0.5 m wurden die Risse auch im Steg fortgesetzt und verliefen nahezu vertikal bis maximal 100 mm über dem unteren Flansch.

Bei Laststufe 5 erstreckte sich der gerissene Bereich von $x = -2.2$ bis 2.6 m. Im oberen Flansch konnten Rissweiten von 0.05 bis 0.2 mm gemessen werden; der Rissabstand lag im Mittel bei 100 mm. Die Weiten der geneigten Risse im Steg betrugen ebenfalls 0.05 bis 0.2 mm, und die äussersten Risse im Kragarm verliefen mit Neigungen von 32 bis 36°. Rechts vom Lager B waren die Risse weniger flach, lagen weiter auseinander und verliefen gekrümmter als im Kragarm. Die Rissweiten in diesem Bereich betrugen 0.05 bis 0.15 mm. Nach der Laststufe 5 wurde der Träger entlastet, wobei sich in der Biegedruckzone links des Lagers B, in einem Abstand von ungefähr 200 mm, ein Riss öffnete. Mit dem Dehnmessstreifen *27* wurde im entlasteten Zustand eine Zugdehnung von 0.64 ‰ gemessen, während die Messstelle *26* eine Stauchung von 0.41 ‰ anzeigte. Am nächsten Morgen konnte ein zweiter Riss in der Biegedruckzone festgestellt werden. Er lag etwa 350 mm rechts der Lagerachse, und die Rissweite betrug weniger als 0.05 mm. Die am lastfreien Träger durchgeführte Teilmessung (Laststufe 7) umfasste die Messreihen 400, 450, 500, 550 und 600.

Anschliessend wurde der Träger wieder belastet. Bei einer Last von $P = 690$ kN ($Q = 1100$ kN) zeigten sich erste Stauchungsrisse in der Biegedruckzone beim Lager B, es lösten sich jedoch bis zum Anhalten des Belastungsvorgangs keine Betonteile ab. Bei Laststufe 8 (**Bild 4.49**) betrugen die Betonstauchungen unmittelbar links und rechts des Lagers B ungefähr 2.6 ‰. Der gerissene Bereich erstreckte sich nun von $x = -2.6$ bis 3.0 m. Im oberen Flansch konnten über dem Lager B Rissweiten von 0.15 bis 0.3 mm gemessen werden. Die äussersten Steg-Risse im Kragarm des Trägers verliefen mit Neigungen von 26 bis 30° und wiesen Weiten von 0.15 bis 0.3 mm auf. Rechts des Lagers wurden im Steg mit 0.1 bis 0.25 mm etwas geringere Rissweiten gemessen. Die Dehnungen bei den Messstellen 406 bis 415 betrugen im Mittel 3.1 ‰, diejenigen bei den Messstellen 456 bis 465 lagen im Mittel bei 2.4 ‰. Die grössten Dehnungen in diesen Messabschnitten wurden mit 6.0 ‰ und 3.5 ‰ bei den Messstellen 410 und 460 gemessen. Diese Laststufe bildete den Abschluss der ersten Versuchsphase.

Im Feld des Trägers bildeten sich die ersten Risse bei einer Last von $Q = 1575$ kN, worauf der Belastungsvorgang angehalten und eine vollständige Messung (Laststufe 9) durchgeführt wurde. Es konnten insgesamt drei Risse bei $x = 6.25$ m, 6.6 m und 7.2 m festgestellt werden. Ihre Weiten betrugen 0.05 mm und sie wiesen Tiefen von etwa 200 mm auf. Das Rissbild im Bereich des Lagers B hatte sich kaum verändert.

Bis zur Laststufe 10 hatten sich im Bereich von $x = -0.45$ bis 0.15 m weitere Stauchungsrisse in der Biegedruckzone gebildet und erste kleinere Teile des Überdeckungsbetons waren abgeplatzt. Im Bereich des Lagers B hatten sich weiterhin kaum neue Risse gebildet. Die bestehenden Risse hatten sich aber weiter geöffnet und im Steg des Trägers teilweise auch verlängert. Im oberen Flansch betrugen die Rissweiten über dem Lager B

0.15 bis 0.45 mm, wobei zwei speziell grosse Risse mit Weiten von 0.95 mm und 0.8 mm festgestellt wurden. Die geneigten Risse im Steg wiesen nun Weiten von ungefähr 0.2 bis 0.45 mm auf. Im Feld erstreckte sich der gerissene Bereich von x = 4.2 bis 8.4 m. Die Rissweiten betrugen 0.05 bis 0.2 mm, und die Risse lagen ungefähr 150 mm auseinander. Bis zur Laststufe 11 vergrösserte sich dieser Bereich auf eine Länge von x = 3.15 bis 8.85 m und die Weiten der grössten Risse im unteren Flansch waren auf 0.35 bis 0.55 mm angewachsen. Die Risse wurden in der Regel im Steg fortgesetzt und verliefen bis maximal an die Unterkante des oberen Flansches. Die äussersten Steg-Risse in diesem Feldabschnitt wiesen flachste Neigungen von etwa 40° auf. Im Bereich des Lagers B konnten im oberen Flansch grösste Rissweiten von 0.85 und 1.4 mm gemessen werden, das Rissbild hatte sich aber nicht verändert. In der Biegedruckzone rechts des Lagers B waren grössere Teile des Überdeckungsbetons abgeplatzt.

Anschliessend wurden zunächst die Kragarmdurchbiegungen, dann aber auch die Durchbiegungen im Feld des Trägers vergrössert. Bis zum Bruch des Trägers konnten die Durchbiegungen w_{10} und w_{18} auf das 2.8-fache, respektive 2.3-fache ihrer vorherigen Werte gesteigert werden. Dabei musste die verteilte Belastung Q um ungefähr 5 % vergrössert werden, währenddem die Einzellast P praktisch konstant gehalten werden konnte. Beim Bruch wurde die grösste Durchbiegung im Feld des Trägers bei der Messstelle *17* gemessen; sie betrug 110.2 mm. In der Biegedruckzone links des Lagers B knickten die äusseren Bewehrungsstäbe aus, und der umschnürte Beton wurde entlang einer schiefen Gleitebene zerstört. Die dabei schlagartig eintretende Verkürzung der unteren Trägerhälfte führte dazu, dass auch die Längsstäbe im Steg des Trägers ausknickten und der Überdeckungsbeton über die gesamte Steghöhe abgeschält wurde (**Bild 4.50**). Nach dem Entlasten betrugen die Durchbiegungen im Feld des Trägers noch ungefähr 40 % der beim Bruch gemessenen Werte, die Durchbiegungen des Kragarms hingegen waren etwa 30 % grösser. Die bleibenden Verformungen konzentrierten sich zu einem grossen Teil auf den Bereich beim Lager B.

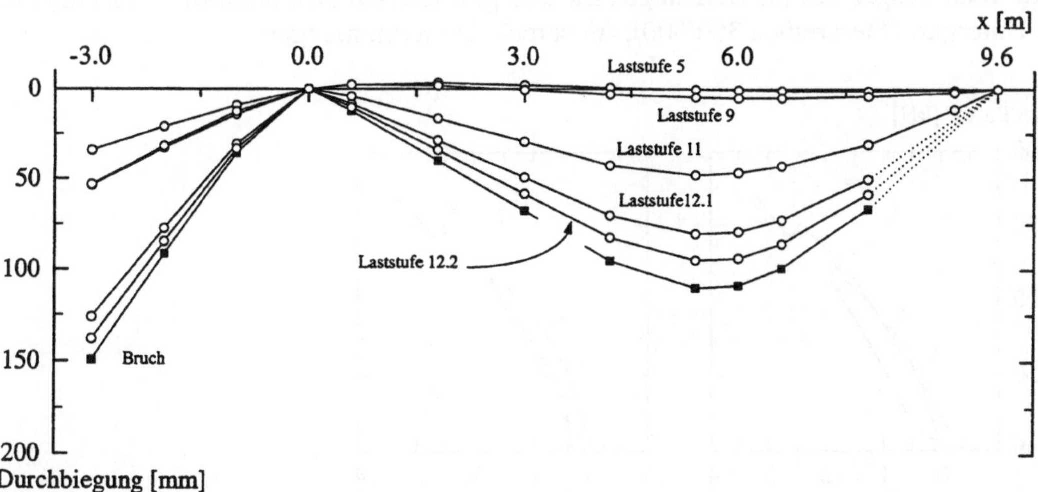

Bild 4.42: Träger T5: Durchbiegungen des Trägers für ausgewählte Laststufen.

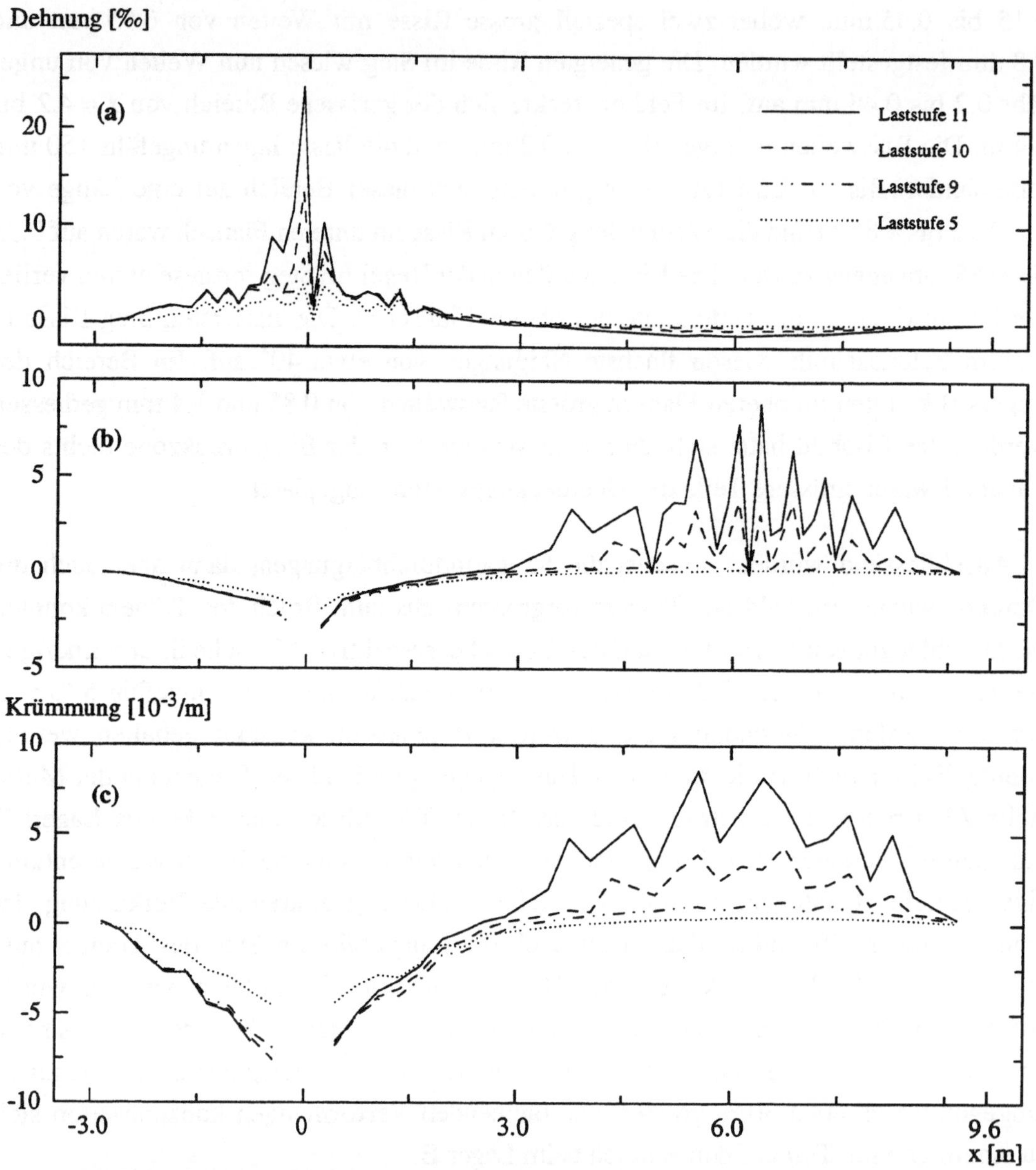

Dehnung [‰]

Krümmung [10^{-3}/m]

Bild 4.43: Träger T5: **(a)** Dehnungen im Obergurt (Messreihen 50/400); **(b)** Dehnungen im Untergurt (Messreihen 300/600); **(c)** berechnete Krümmungen.

Einzellast P [kN]

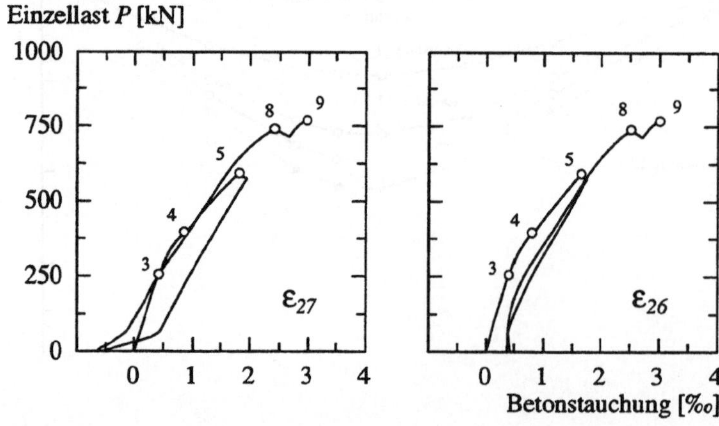

Bild 4.44: Träger T5: Betonstauchungen links (ε_{27}) und rechts (ε_{26}) des Lagers B.

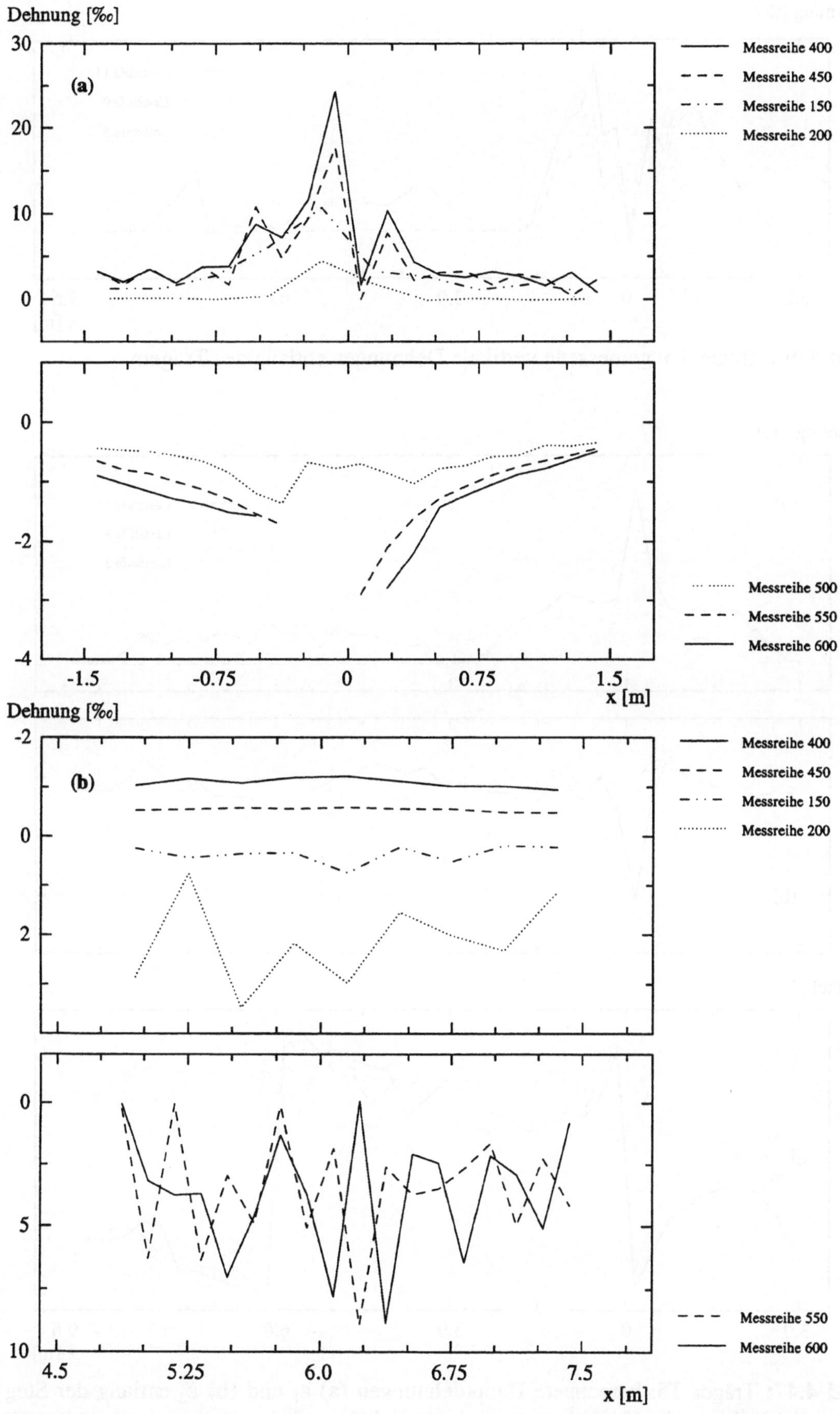

Bild 4.45: T5, Laststufe 11: Dehnungen **(a)** im Bereich des Lagers B und **(b)** im Feld.

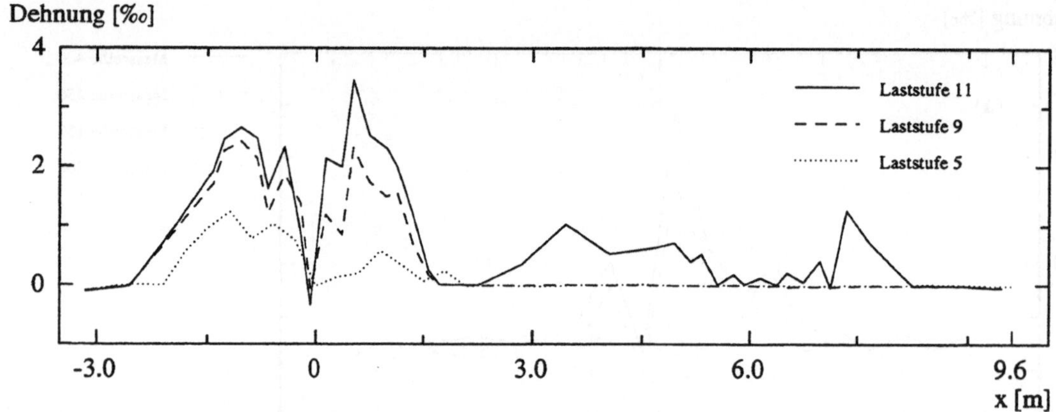

Bild 4.46: Träger T5: gemessene vertikale Dehnungen entlang des Trägers.

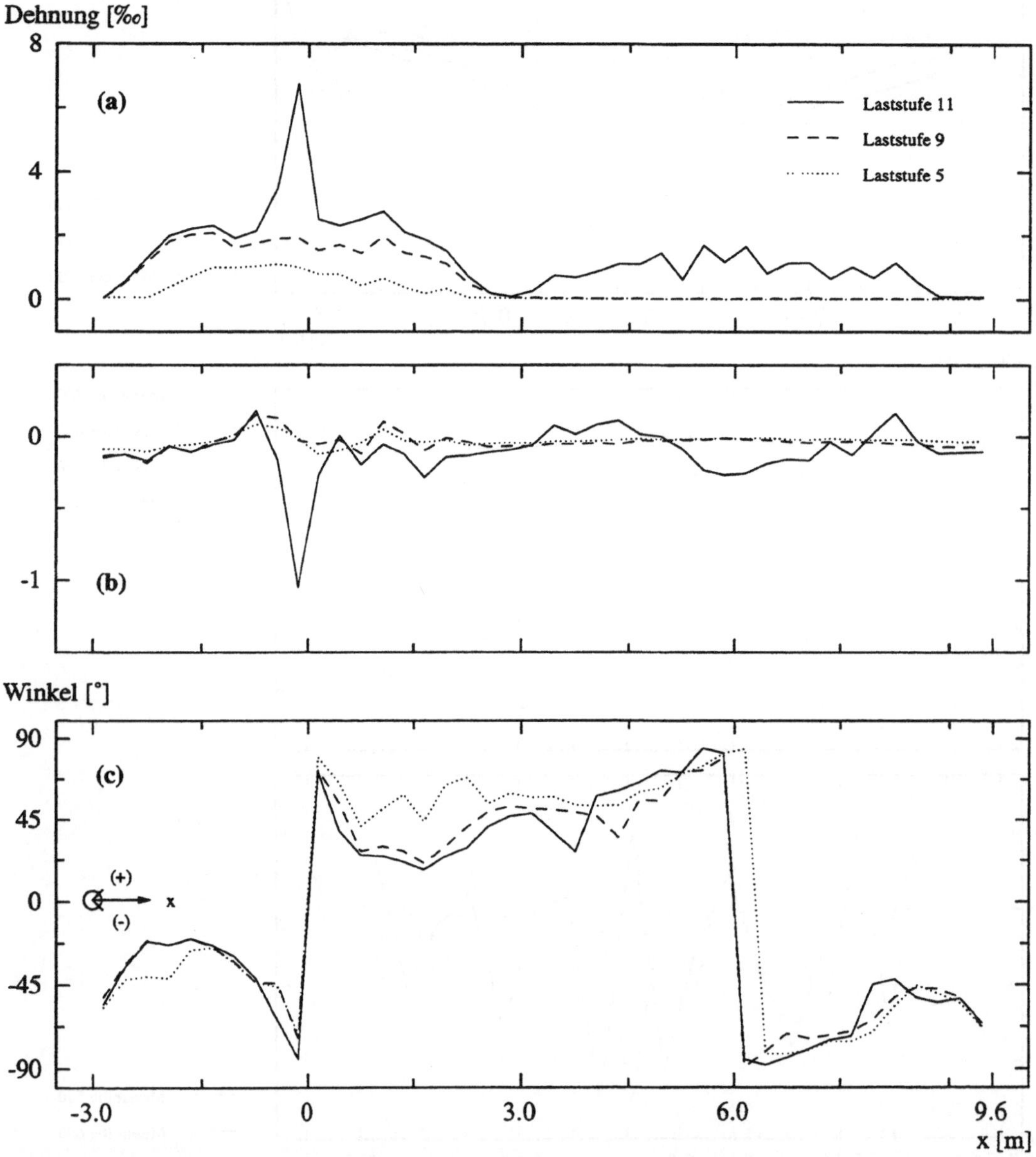

Bild 4.47: Träger T5: berechnete Hauptdehnungen (a) ε_1 und (b) ε_2 entlang der Stegachse; (c) Neigung der Hauptdehnung ε_2 bezüglich der x-Achse.

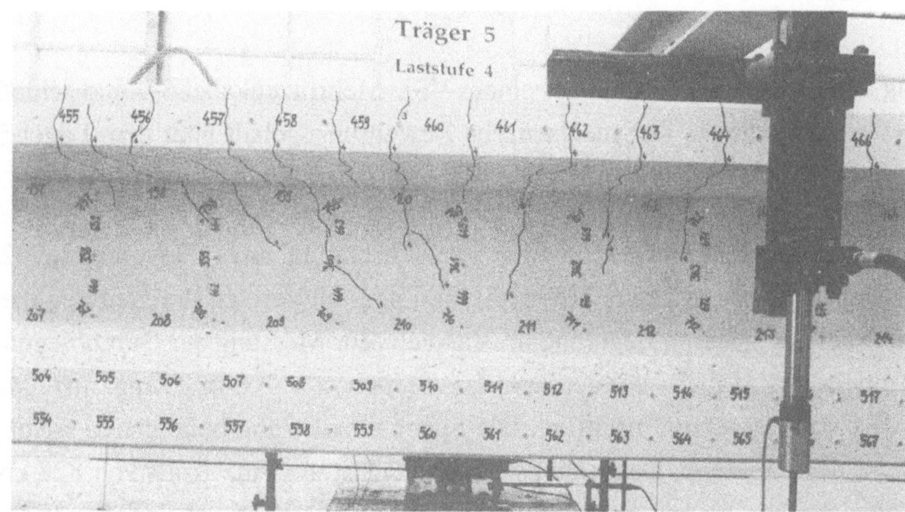

Bild 4.48: Träger T5: Rissbild im Bereich des Lagers B bei Laststufe 4.

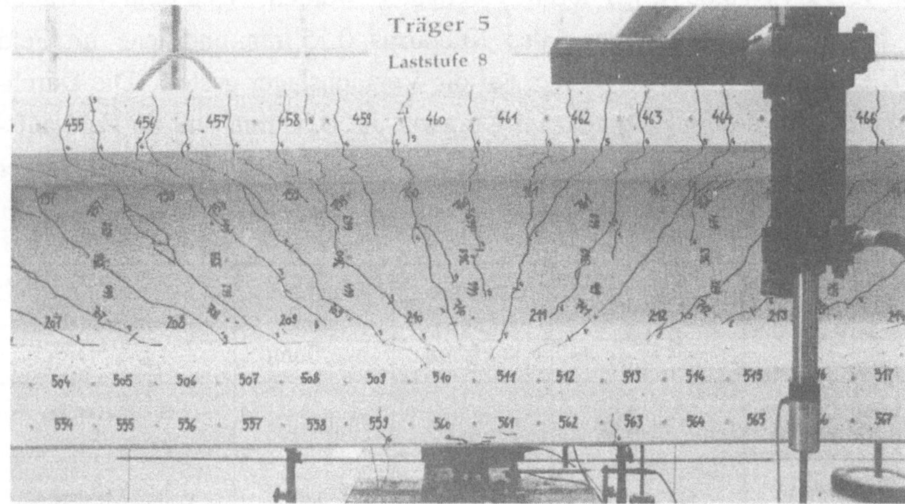

Bild 4.49: Träger T5: Rissbild im Bereich des Lagers B bei Laststufe 8.

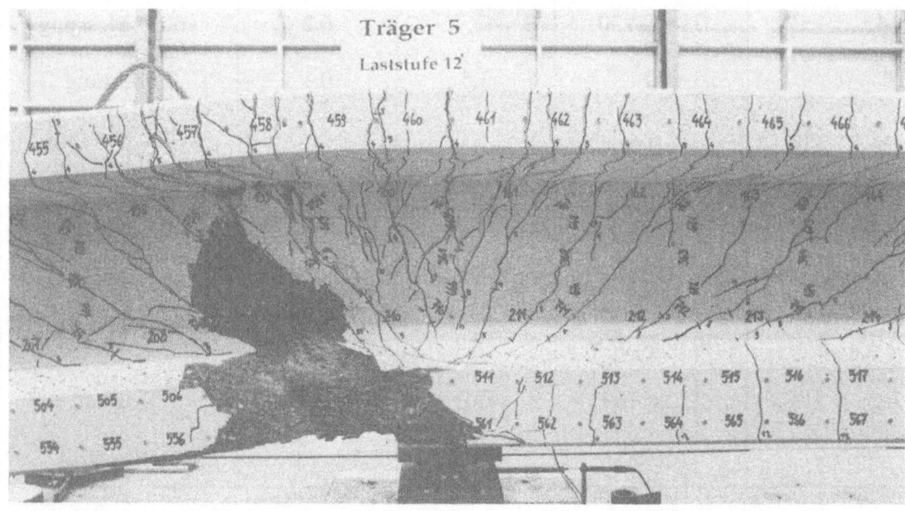

Bild 4.50: Träger T5: Bereich des Lagers B nach dem Bruch.

4.7 Träger T6

Die Bewehrung des Trägers T6 bestand aus einem VSL-Mehrlitzenkabel 6-4 und schlaff eingelegten Bewehrungsstäben. Der mechanische Bewehrungsgehalt über dem Lager B betrug $\omega = (A_s{\cdot}f_{sy} + A_p{\cdot}f_{py})/(b_u{\cdot}d{\cdot}f_c) = 0.132$ und war somit gleich wie beim Träger T3.

Der Träger wurde ungefähr einen Monat vor Versuchsbeginn, am 4. November 1992, vogespannt. Er wurde hierzu auf zwei provisorische Lager aufgesetzt, die gleich ange-ordnet waren wie bei der späteren Lagerung im Versuch. Zur Messung der Durchbiegun-gen beim Spannen des Kabels wurden an den Stellen x = -3.0 m (Kragarm) und x = 5.7 m (Feld) zwei Messuhren installiert. Die Spannverankerung befand sich wiede-rum auf der Seite des Lagers A. Das Kabel wurde zunächst auf eine Kraft von 828 kN ($\approx 0.75{\cdot}A_p{\cdot}f_{pt}$) gezogen und ein erstes Mal verankert, wobei die Kraft am Spannende auf ungefähr 675 kN abfiel. Durch kurzes Nachspannen konnte das Kabel schliesslich mit einer Kraft von 752 kN (= $0.68{\cdot}A_p{\cdot}f_{pt}$) definitiv verankert werden. Nach dem Verfüllen des Hüllrohrs betrug die Durchbiegung des Kragarms 0.55 mm und jene im Feld -3.0 mm. Am 1. Dezember wurde der Träger auf die Versuchslager gestellt. Die Durch-biegungen waren bis zu diesem Zeitpunkt im Kragarm auf 0.60 mm und im Feld auf -3.3 mm angewachsen. Das Umsetzen erfolgte mit den Hallenkranen, wobei der Träger

Laststufen Nr.	Einzellast P [kN]	Linienlast Q [kN]	Durchbie-gung w_{10} [mm]	Durchbie-gung w_{18} [mm]	Bemerkungen
3	173 ... 0	119 ... 0	6.1 ... 0.8	1.25 ... 0	Fehlsteuerung, erste Risse
4	199 ... 193	311 ... 300	5.7	0.6	vollst. Messung
5	396 ... 378	627 ... 604	31.5	0.4	vollst. Messung
6	445 ... 433	712 ... 700	41.7	0.2	vollst. Messung
7	0	0	3.5	0.1	Entlastung
8	475 ... 455	765 ... 739	50.1	0	vollst. Messung, w_{10} blockiert
9	498 ... 479	1334 ... 1300	49.7	24.2	vollst. Messung
10	502 ... 480	1590 ... 1527	50.0	56.1	vollst. Messung
11	510 ... 476	1610 ... 1551	79.2	95.6	vollst. Messung
12	P_{max} = 512	Q_{max} = 1693	79.1	176.5	Traglast
	506	1638	155.5	197.0	Bruch

Tabelle 4.6: Versuchsablauf beim Träger T6.

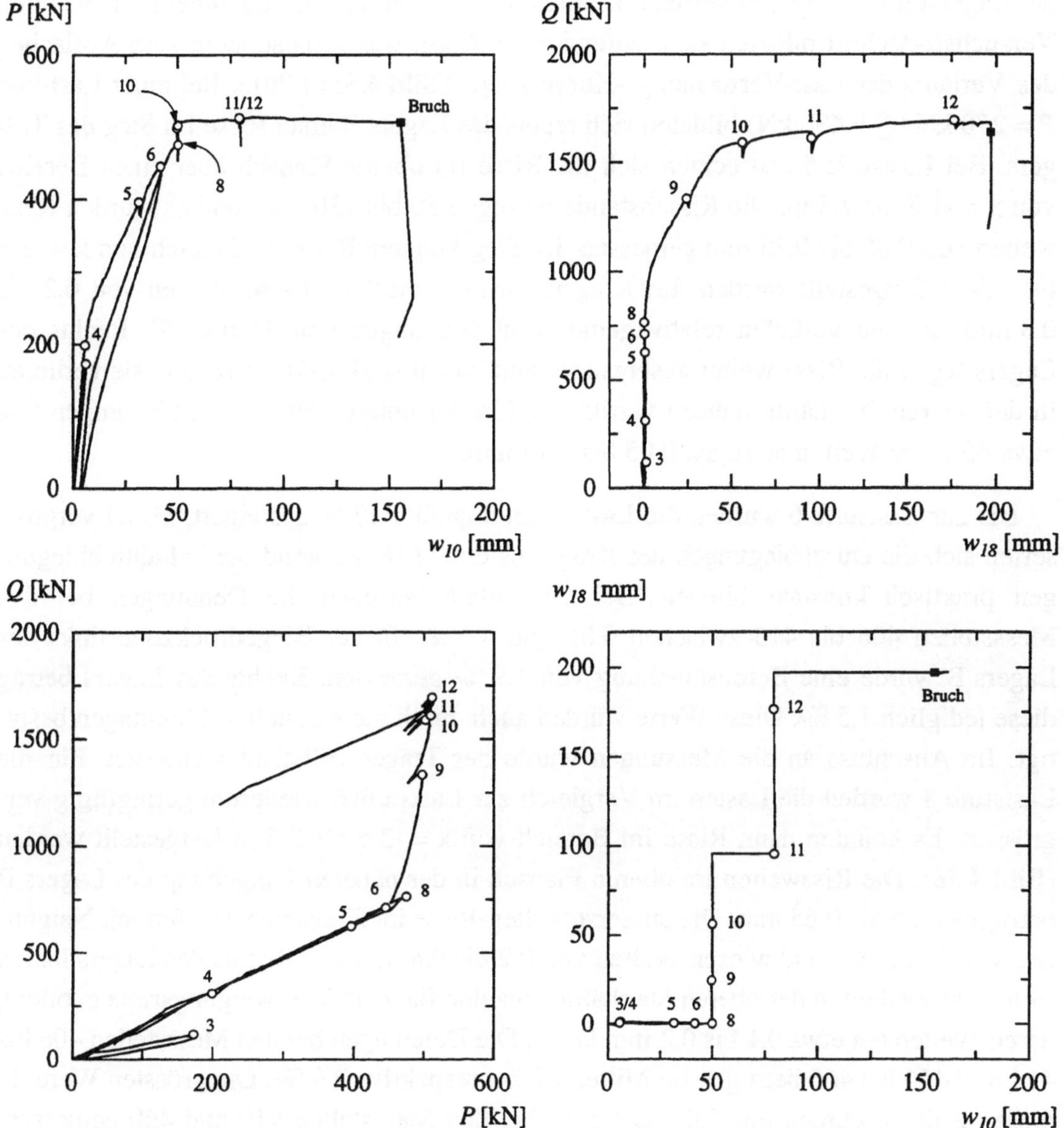

Bild 4.51: Träger T6: gemessene Lasten (P, Q) und Durchbiegungen (w_{10}, w_{18}).

möglichst nahe bei den Lagerungspunkten gefasst und aufgehängt wurde. Dadurch konnten Risse im Träger vermieden werden. In der neuen Position wurden dann die Messeinrichtungen installiert und die übrigen Versuchsvorbereitungen vorgenommen. Alle Messresultate beziehen sich somit auf diese neue Nullage.

Aufgrund einer falschen Einstellung am Messverstärker wurden die Lasten bei der Erstbelastung nicht im geplanten Verhältnis aufgebracht. Die Einzellast P war bei Laststufe 3 um einen Faktor von ungefähr 2.3 zu gross und es konnten bereits erste Risse im oberen Flansch über dem Lager B festgestellt werden. Nachdem der Träger wieder entlastet war, wurde der Versuch neu gestartet. Bis zur Laststufe 4 hatten sich über dem Lager B vier Risse mit Weiten bis zu 0.05 mm geöffnet. Der längste Riss lag genau in der Lagerachse und verlief vertikal bis ungefähr 150 mm in den Steg hinein. Im weiteren Versuchsfortschritt bildeten sich laufend neue Risse, was insbesondere zum Abflachen des Verlaufs der Last-Verformungs-Kurve P-w_{10} (**Bild 4.51**) führte. Bei einer Last von $P = 270$ kN ($Q = 430$ kN) bildeten sich rechts des Lagers B erste Risse im Steg des Trägers. Bei Laststufe 5 erstreckten sich die Risse im oberen Flansch über einen Bereich von x = -1.8 bis 2.3 m. Die Rissabstände betrugen 80 bis 130 mm, und es wurden Rissweiten von 0.05 bis 0.25 mm gemessen. Im Steg konnten Risse im Bereich von x = -1.6 bis 1.9 m festgestellt werden. Im Kragarm wiesen die Steg-Risse Weiten von 0.2 bis 0.3 mm auf und verliefen relativ gerade, mit Neigungen von 35 bis 45°. Rechts des Lagers lagen die Risse weiter auseinander und waren stark gekrümmt, d.h. sie verliefen in der oberen Steghälfte nahezu vertikal und in der unteren Hälfte mit Neigungen von etwa 45°; ihre Weiten betrugen 0.05 bis 0.15 mm.

Bis zur Laststufe 6 wurden die Lasten um ungefähr 13 % gesteigert. Dabei vergrösserten sich die Durchbiegungen des Kragarms um 32 %, während die Felddurchbiegungen praktisch konstant blieben. Bei Laststufe 6 betrugen die Dehnungen bei den Messstellen 406 bis 415 zwischen 0.85 und 4.5 ‰. In der Biegedruckzone links des Lagers B wurde eine Betonstauchung von 1.9 ‰ gemessen. Rechts des Lagers betrug diese lediglich 1.5 ‰. Diese Werte wurden auch durch die manuellen Messungen bestätigt. Im Anschluss an die Messungen wurde der Träger vollständig entlastet. Für die Laststufe 8 wurden die Lasten im Vergleich zur Laststufe 6 wiederum geringfügig vergrössert. Es konnten dann Risse im Bereich von x = -2.5 bis 2.5 m festgestellt werden (**Bild 4.58**). Die Rissweiten im oberen Flansch in der näheren Umgebung des Lagers B betrugen 0.25 bis 0.65 mm. Die äussersten Steg-Risse im Kragarm verliefen mit Neigungen von 30 bis 35° und wiesen Weiten von 0.2 bis 0.4 mm auf. Rechts des Lagers hatten sich insbesondere in der oberen Steghälfte einzelne flachere Verzweigungsrisse gebildet, deren Weiten bei etwa 0.1 bis 0.2 mm lagen. Die Dehnungen bei den Messstellen 406 bis 415 und 456 bis 465 betrugen im Mittel 3.7 ‰, respektive 2.9 ‰. Die grössten Werte in diesen Reihen wurden mit 7.8 und 6.5 ‰ bei den Messstellen 410 und 460 gemessen. Die Dehnmessstreifen *27* und *26* zeigten Stauchungen von 2.3 und 1.8 ‰. Für die weiteren Laststufen wurde der Kolbenweg der Druck-Presse blockiert.

Bei einer Last von $Q = 900$ kN konnten die ersten Risse im Feld des Trägers festgestellt werden. Bei Laststufe 9 erstreckte sich der gerissene Bereich im unteren Flansch von x = 3.4 bis 8.4 m, und es wurden Rissweiten von 0.05 bis 0.25 mm gemessen. Die Risse lagen im Mittel etwa 150 mm auseinander, und viele davon wurden auch im Steg fortgesetzt. Die äussersten dieser Steg-Risse waren um ungefähr 45° geneigt. Im Bereich des Lagers B hatten sich keine neuen Risse gebildet; die bereits bestehenden Risse in unmittelbarer Lagernähe hatten sich aber teilweise beträchtlich vergrössert. Im oberen Flansch konnten in diesem Abschnitt Rissweiten von 0.7 bis 1.6 mm gemessen werden. Die ersten Stauchungsrisse in der Biegedruckzone beim Lager B waren bereits bei einer Last von ungefähr $Q = 1200$ kN, also noch vor dem Erreichen der Laststufe 9, beobachtet worden. Die Einzellast P betrug zu diesem Zeitpunkt ungefähr 490 kN. Bei Laststufe 10 platzten in der Biegedruckzone beim Lager B erste kleine Betonplättchen ab. Die Stauchungsrisse erstreckten sich über einen 350 mm langen Bereich unmittelbar links der Lagerachse. Im oberen Flansch über dem Lager B konnten grösste Risse mit Weiten von 2.0 und 2.3 mm festgestellt werden. Im Feld hatten sich viele neue Risse gebildet. Der gerissene Bereich erstreckte sich dann von 2.5 bis 9.0 m, und in der Mitte dieses Abschnitts konnten Rissweiten von 1.0 und 1.4 mm gemessen werden.

Im weiteren Versuchsfortschritt wurden vorerst die Felddurchbiegungen bis zu $w_{18} = 96$ mm und dann die Durchbiegungen des Kragarms bis zu $w_{10} = 79$ mm gesteigert. In diesem Zustand wurde eine vollständige Messung durchgeführt (Laststufe 11). Anschliessend wurden die Durchbiegungen im Feld wiederum vergrössert. Bei einer Durchbiegung w_{18} von ungefähr 166 mm ($Q \approx 1685$ kN) konnten im Bereich von x = 5.5 bis 5.9 m erste Stauchungsrisse im oberen Flansch festgestellt werden. Nach dem Überschreiten der Maximallast, bei einer Durchbiegung von $w_{18} = 195$ mm, lösten sich auf der Vorderseite des Trägers im oberen Flansch grössere Teile des Überdeckungsbetons ab. Die Risse im Feldbereich des Trägers hatten sich bis in die Mitte des oberen Flansches verlängert. Durch weiteres Steigern der Kragarmdurchbiegungen wurde der Träger schliesslich zum Bruch geführt. Dieser trat bei einer Durchbiegung von $w_{10} = 155.5$ mm ein. Die maximale Durchbiegung im Feld des Trägers wurde bei der Messstelle *17* gemessen und betrug 204.8 mm. Der Bruch erfolgte schlagartig, begleitet von einem lauten Knall. Wie später festgestellt werden konnte, wurden dabei alle Litzen des Vorspannkabels ungefähr 70 mm links des Lagers B zerrissen (**Bild 4.60**). In der Biegedruckzone links vom Lager B hatten sich grössere Teile des Überdeckungsbetons vom Träger gelöst, und die untersten Bewehrungsstäbe in dieser Zone zeigten bereits kleinere Ausbauchungen. Nach der Entlastung (**Bild 4.59**) konnten über dem Lager B (x = -0.9 bis 0.6 m) noch Rissweiten von 1.5 bis 7.0 mm und im Feld (x = 4.6 bis 7.0 m) solche von 0.7 bis 2.5 mm gemessen werden. In den übrigen Trägerabschnitten hatten sich die Risse wieder weitgehend geschlossen.

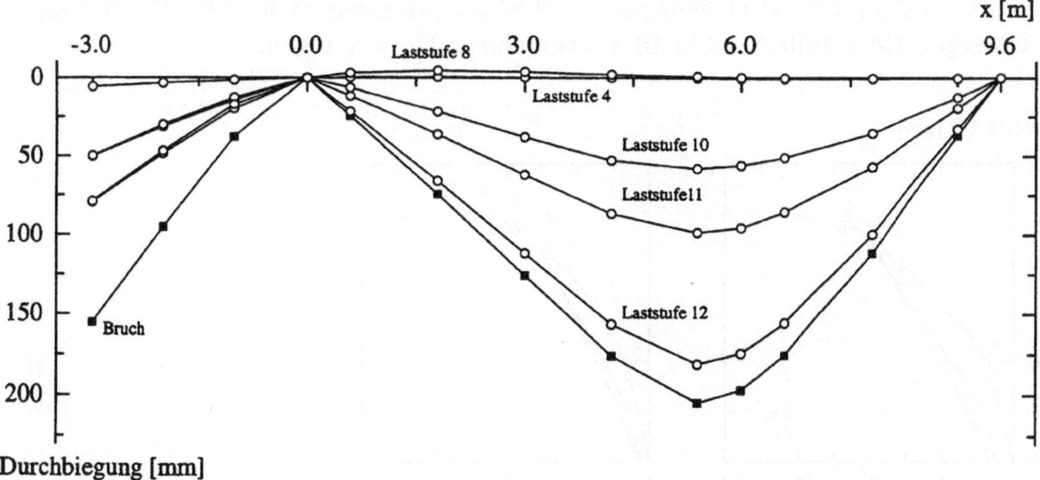

Bild 4.52: Träger T6: Durchbiegungen des Trägers für ausgewählte Laststufen.

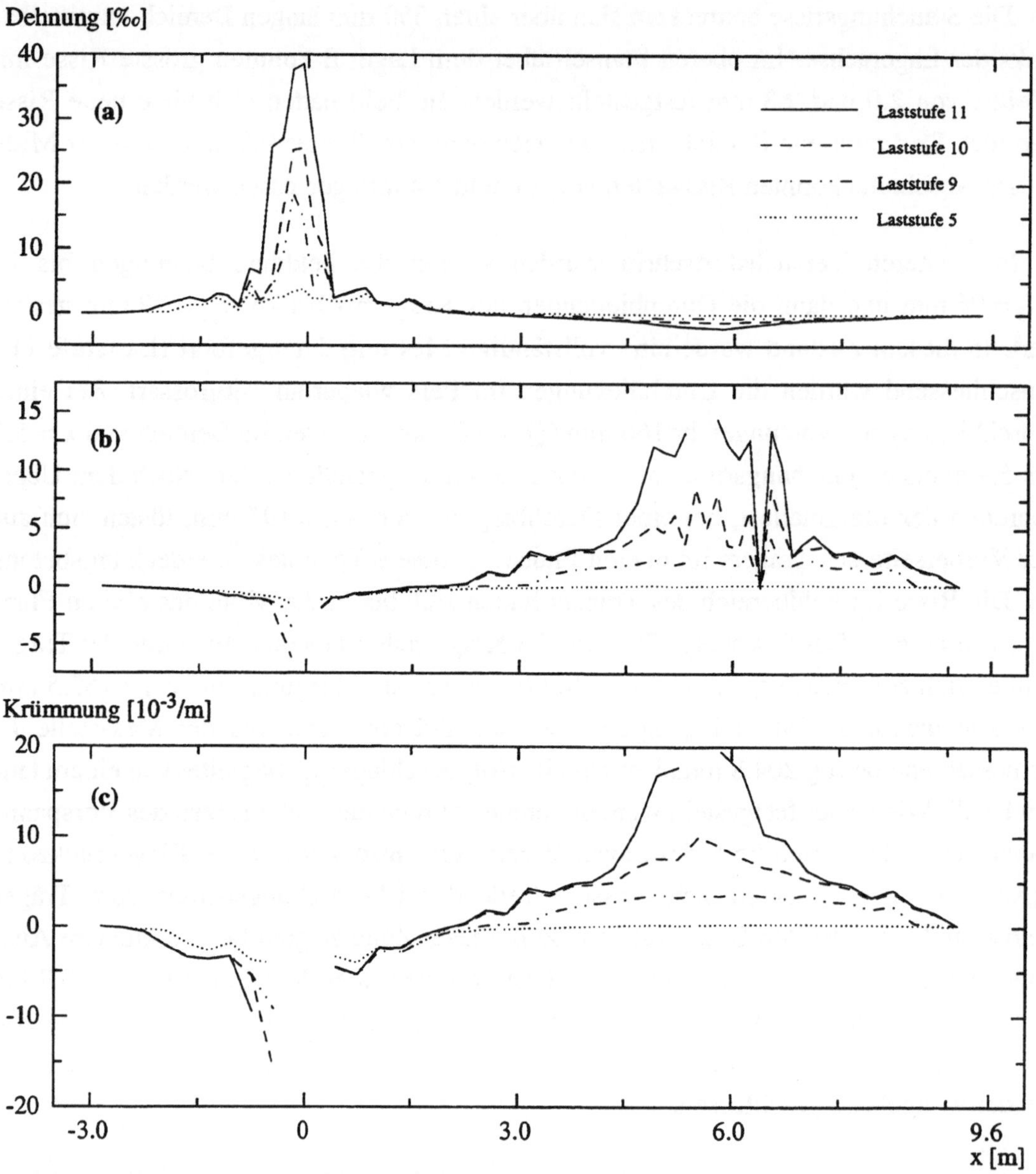

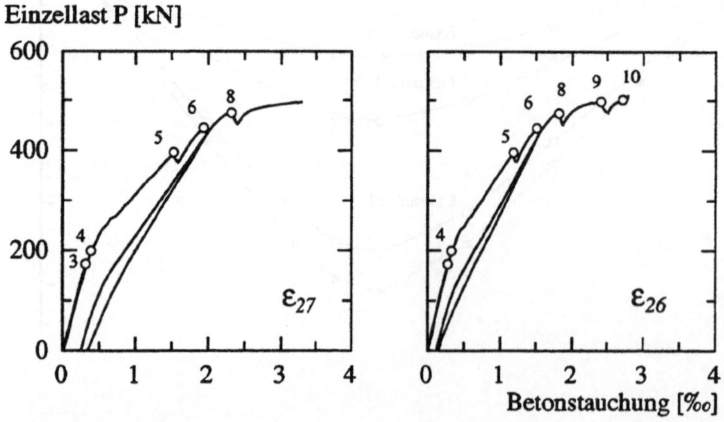

Bild 4.53: Träger T6: **(a)** Dehnungen im Obergurt (Messreihen 50/400); **(b)** Dehnungen im Untergurt (Messreihen 300/600); **(c)** berechnete Krümmungen.

Bild 4.54: Träger T6: Betonstauchungen links (ε_{27}) und rechts (ε_{26}) des Lagers B.

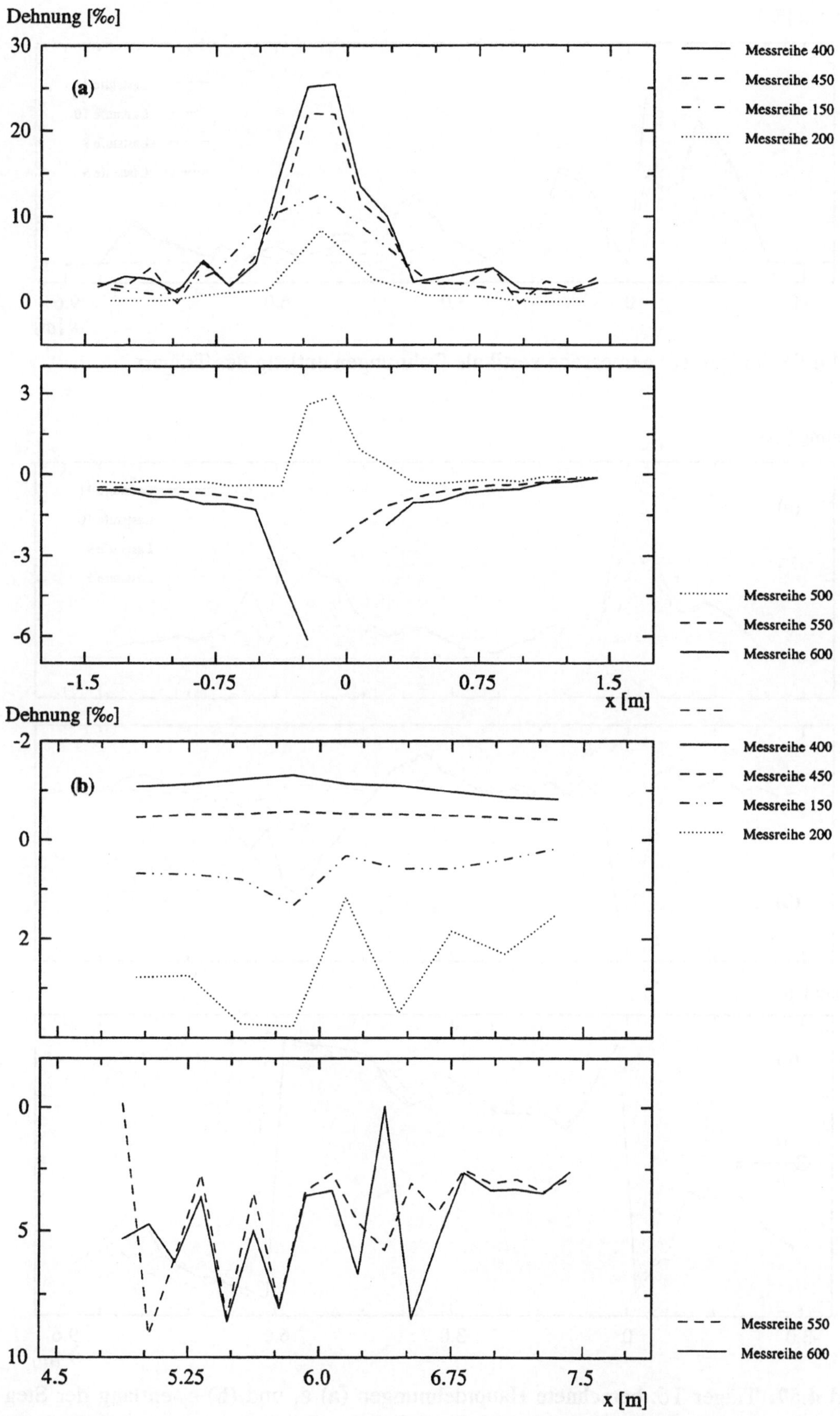

Bild 4.55: T6, Laststufe 10: Dehnungen **(a)** im Bereich des Lagers B und **(b)** im Feld.

Dehnung [‰]

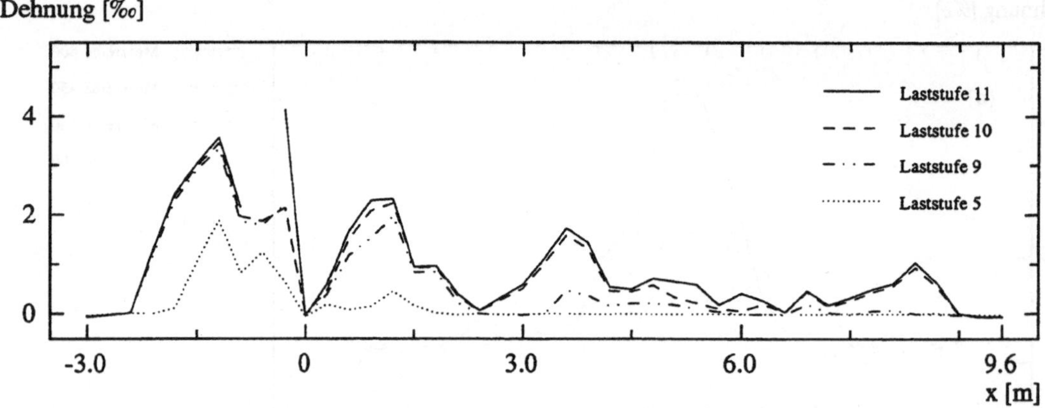

Bild 4.56: Träger T6: gemessene vertikale Dehnungen entlang des Trägers.

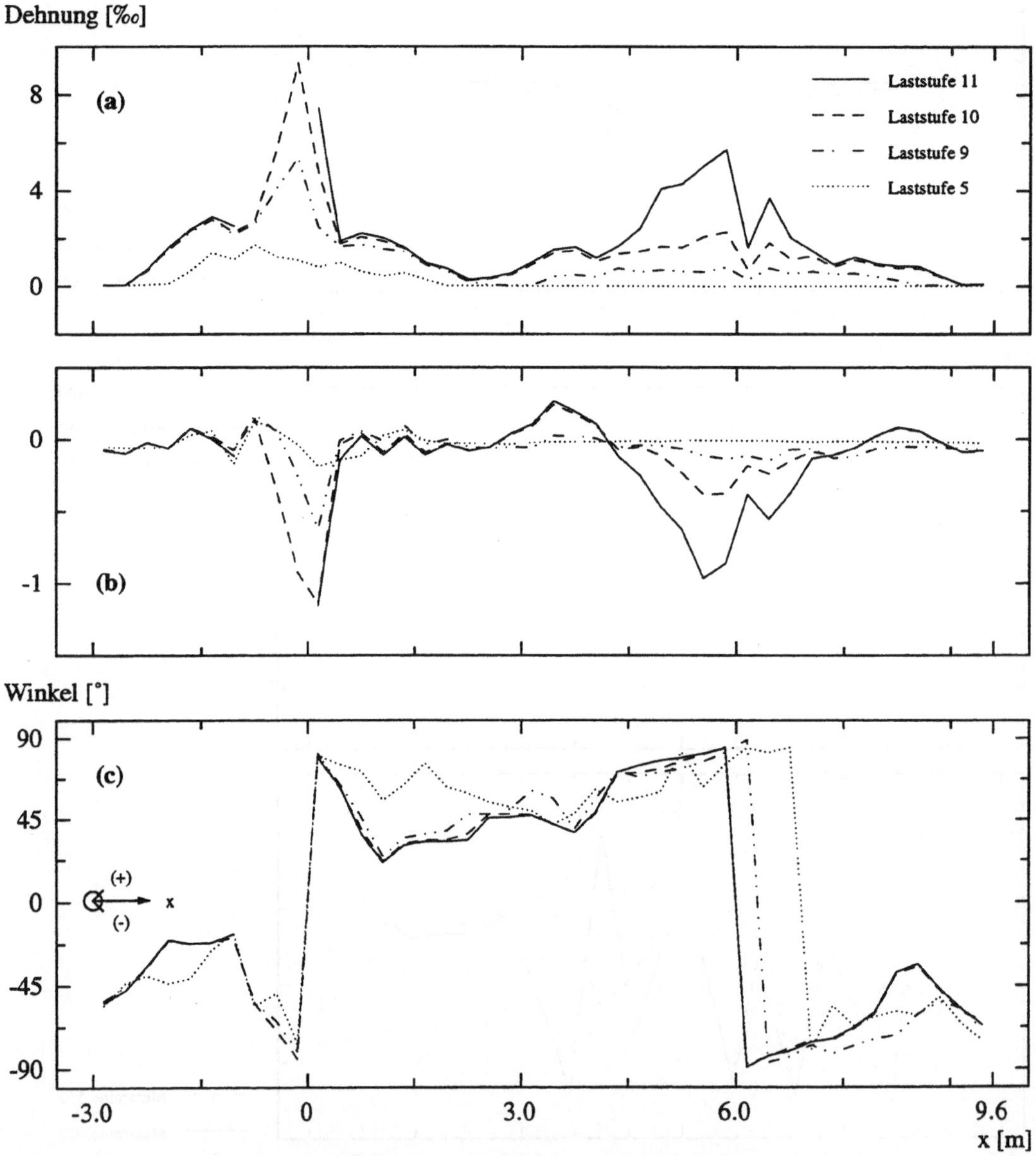

Dehnung [‰]

Winkel [°]

Bild 4.57: Träger T6: berechnete Hauptdehnungen **(a)** ε_1 und **(b)** ε_2 entlang der Stegachse; **(c)** Neigung der Hauptdehnung ε_2 bezüglich der x-Achse.

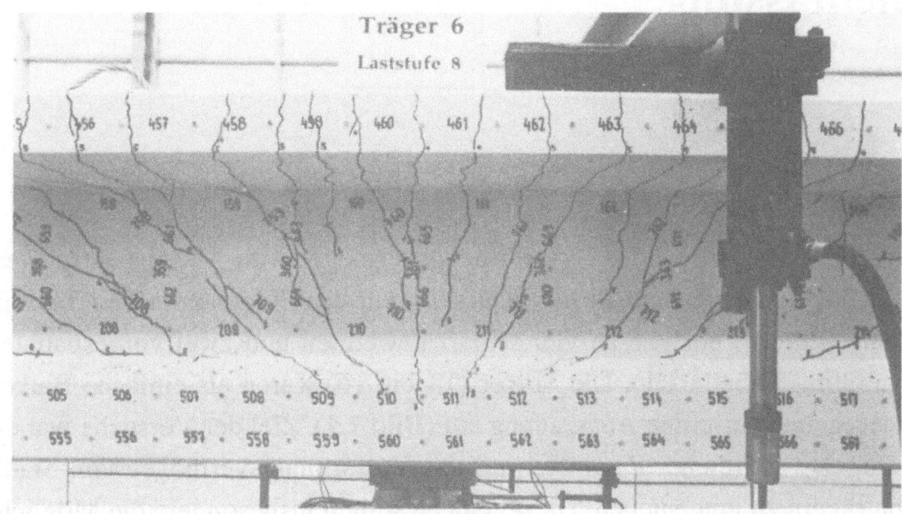

Bild 4.58: Träger T6: Rissbild im Bereich des Lagers B bei Laststufe 8.

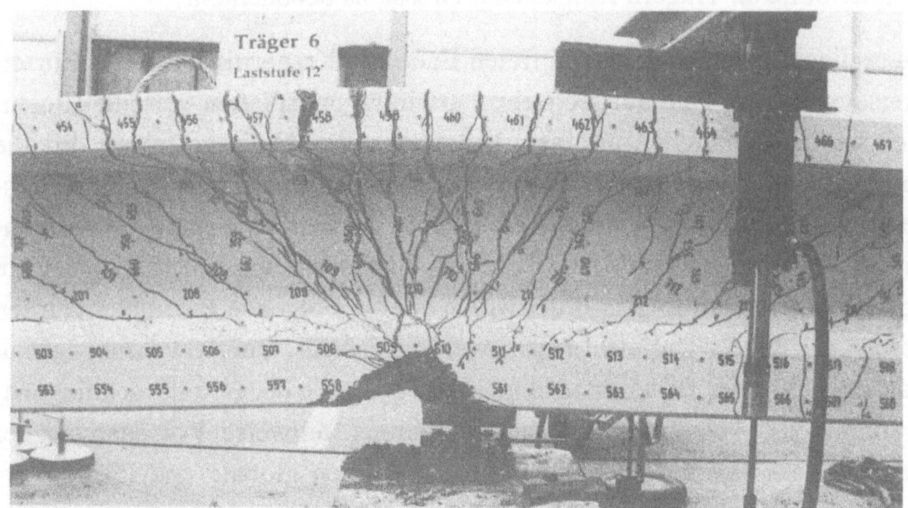

Bild 4.59: Träger T6: Bereich des Lagers B nach dem Bruch.

Bild 4.60: Träger T6: Freigelegtes Spannglied.

Zusammenfassung

Im Rahmen des Forschungsprojektes "Verformungsvermögen von Massivbautragwerken" wurden am Institut für Baustatik und Konstruktion der Eidgenössischen Technischen Hochschule Zürich Versuche an vier schlaff bewehrten und zwei vorgespannten Trägern durchgeführt (**Tabelle 1.1**). Die Träger (T1 bis T6) waren als einfache Balken gelagert und wiesen eine einseitige Auskragung auf (**Bild 1.1**). Ziel der Versuche war es, den Einfluss einiger wesentlicher Parameter auf das Verformungsvermögen von Stahl- und Spannbetonträgern zu untersuchen. Die Versuche sollten insbesondere die Möglichkeit schaffen, die Ausbildung plastischer Gelenke im Bereich grosser negativer Momente und Querkräfte an Trägern realistischer Grösse zu beobachten.

Als Belastung diente einerseits eine am freien Ende des Kragarms wirkende Einzellast und andererseits eine im Feld auf sechzehn Lasteintragungsplatten verteilte Linienlast. Die Lasten wurden anfänglich in einem konstanten Verhältnis gesteigert, bis die Biegebewehrung im Bereich des negativen Biegemomentes (beim Lager B) die Fliessspannung erreichte. Anschliessend wurden den Trägern sukzessive weitere Verformungen aufgezwungen, bis die Bewehrung im Feld die Fliessspannung ebenfalls erreichte und schliesslich im Bereich des Lagers B der Bruch eintrat. Folgende Parameter wurden bei der Bemessung der Träger variiert: Längsbewehrungsgehalt, Querbewehrungsgehalt (ausgedrückt durch die für den Bruchzustand gewählte Neigung der Betondruckdiagonalen im Fachwerkmodell), Abstufung der Längsbewehrung, teilweise Vorspannung der Längsbewehrung. Ausser den aufgebrachten Kräften wurden globale und lokale Verschiebungen sowie Rissöffnungen gemessen.

Die Versuchsergebnisse lassen sich wie folgt zusammenfassen:

- Bei den Trägern T1, T2, T3, T5 und T6 wurden die theoretischen Biegetraglasten erreicht (Ausbildung zweier plastischer Biegegelenke). Beim Träger T4 konnte die Biegetraglast knapp nicht erreicht werden, und der Bruch stellte sich unter einer Linienlast ein, die ungefähr 4 % unter dem dafür berechneten Wert lag.

- Die Art der zu erwartenden Brüche konnte für die Träger T1 bis T5 zuverlässig vorausgesagt werden (Versagen der Biegedruckzone, respektive Betonbruch im Steg).

- Wie erwartet ergaben sich bezüglich des Verformungsvermögens relativ grosse Unterschiede zwischen den einzelnen Trägern. In **Bild Z.1** sind die für die plastischen Verformungsbereiche beim Lager B gemessenen Momenten-Durchbiegungs-Kurven der sechs Versuchsträger zusammengestellt. Die Diagramme zeigen den Zusammenhang zwischen dem Biegemoment in der Achse des Lagers B (M_B) und den am freien Ende des Kragarms (x = -3.0 m) sowie ungefähr im Drittelspunkt der Spannweite (x = 3.0 m) gemessenen Durchbiegungen. Anhand dieser Kurven lassen sich die in diesen Trägerabschnitten bis zum Bruch aufgetretenen Rotationswinkel abschätzen.

- Bei den Trägern T1, T3 und T5 erfolgten die Brüche durch Versagen der Biegedruckzonen in den Bereichen grösster Momentenbeanspruchung. Da der Beton in diesen Zonen mit Bügeln relativ gut umschnürt war, konnten die Verformungen auch nach dem Abplatzen des Überdeckungsbetons ohne Lastabfall noch beträchtlich gesteigert werden. Der eigentliche Bruch wurde jeweils durch das Ausknicken der in den Biegedruckzonen eingelegten Längsbewehrungsstäbe eingeleitet.

- Bei den Trägern T2 und T4 erfolgten die Brüche durch Versagen des Stegbetons in den Bereichen grösster Querkraftbeanspruchung. Diese beiden Träger waren mit stark reduziertem Querbewehrungsgehalt ausgeführt worden. Die Brüche waren jeweils verbunden mit einem abrupten Abfall der aufgebrachten Lasten.

- Obwohl der Träger T4 beim Bruch die geringsten Verformungen aufwies, kann dies nicht alleine darauf zurückgeführt werden, dass dieser Träger ohne Abstufung der Längsbewehrung ausgeführt wurde. Der Versuch T4 zeigte vielmehr, dass sich insbesondere bei Querkraftversagen eine geringe Reduktion der Betondruckfestigkeit (hier ungefähr 5 % im Vergleich zu T2) spürbar auf die Tragfähigkeit auswirkt. Dieser Sachverhalt kann mit Hilfe der Methoden der Plastizitätstheorie erklärt werden. Bezüglich der dabei anzusetzenden reduzierten Betondruckfestigkeit liefern die Versuche T2 und T4 wichtige Anhaltspunkte.

- Beim Bruch des Trägers T6 wurde das eingelegte Spannkabel (4 Litzen $\varnothing$ 0.6″) im Bereich des negativen Biegemomentes zerrissen. Die untersten Bewehrungsstäbe in der Druckzone waren zudem bereits leicht ausgebaucht, was darauf hindeutet, dass auch das Tragvermögen der Biegedruckzone nahezu erschöpft war.

- **Bild Z.2** zeigt die Rissbilder und die Bruchzonen der Versuche T1 bis T6 nach der Entlastung der Träger.

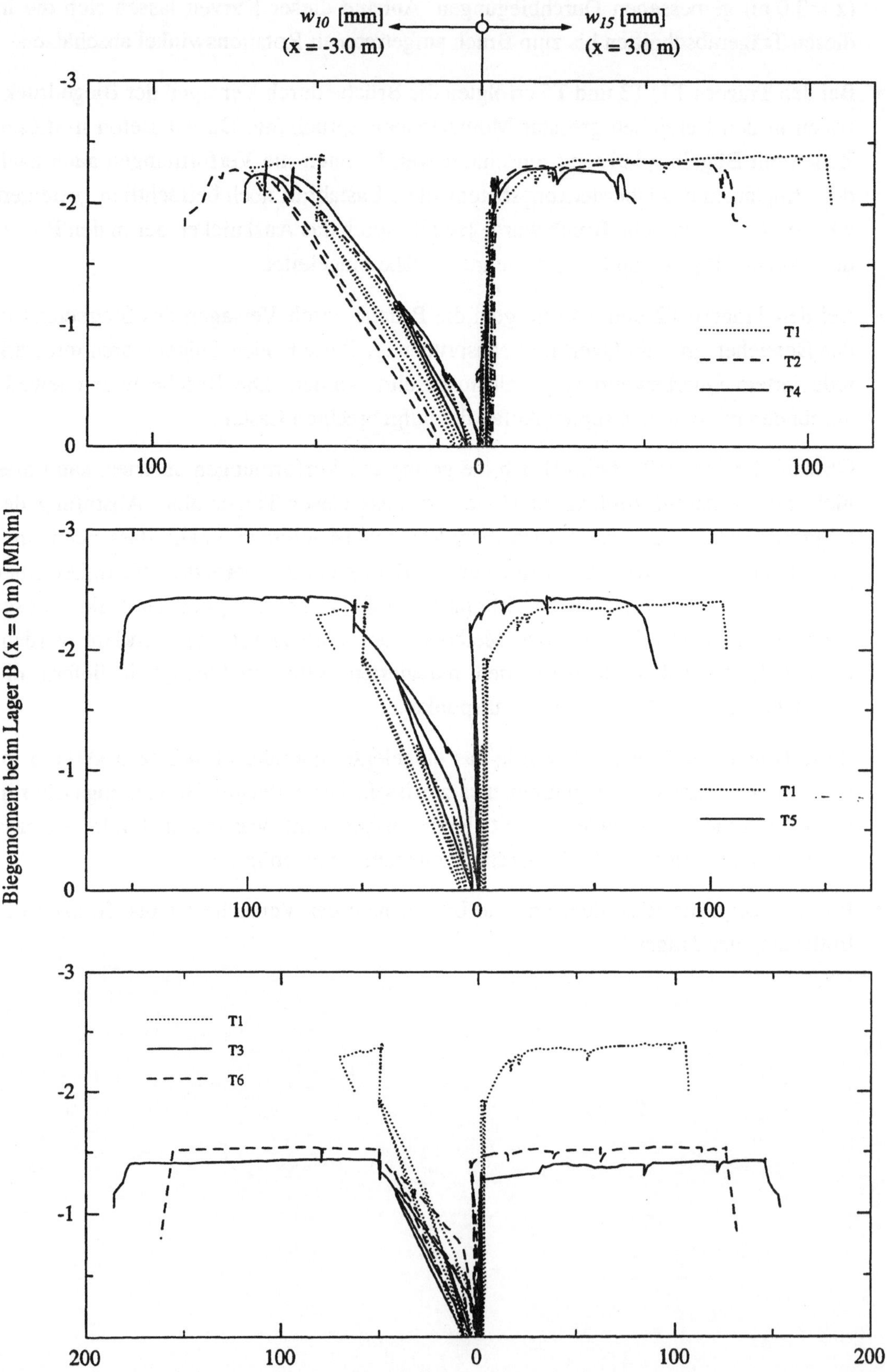

Bild Z.1: Vergleich der in den plastischen Verformungsbereichen beim Lager B gemessenen Beanspruchungen (M_B, x = 0 m) und Durchbiegungen (w_{10} und w_{15}, x = ± 3.0 m).

Additional material from *Versuche zum Verformungsvermögen von Stahlbetonträgern*, 978-3-7643-5007-9, is available at http://extras.springer.com

Résumé

Dans le cadre du projet de recherche sur la "Capacité de Déformation des Eléments en Béton Armé et Précontraint", des essais ont été conduits sur quatre poutres en béton armé et deux poutres précontraintes (**Tabelle 1.1**), à l'Institut de Statique et Construction de l'Ecole Polytechnique Fédérale de Zürich. Les éléments (notés T1 à T6) étaient appuyés comme des poutres simples et présentaient un porte-à-faux à l'une des extrémités (**Bild 1.1**). Le but des essais était de rechercher l'influence de quelques paramètres essentiels sur la capacité de déformation des poutres en béton armé et précontraint. Les essais devaient en particulier permettre d'observer la formation de rotules plastiques dans les zones soumises à de grands moments négatifs et efforts tranchants sur des poutres de dimensions réelles.

Le cas de charge était composé d'une part d'une force ponctuelle à l'extrémité du porte-à-faux et, d'autre part, d'une charge linéaire introduite par seize plaques de répartition dans la travée entre les appuis. Les sollicitations ont d'abord été augmentées de façon uniforme, jusqu'à atteindre la contrainte de plastification pour l'armature de flexion dans les zones de moment négatif (auprès de l'appui B). Les poutres ont ensuite été soumises à des déformations successives, jusqu'à ce que l'armature dans la travée se plastifie à son tour et que, finalement, la rupture à l'appui B intervienne. Les paramètres suivant ont été variés lors du dimensionnement des différentes poutres: taux d'armature longitudinale, taux d'armature transversale (exprimé en fonction de l'inclinaison des bielles de compression dans le modèle treillis de dimensionnement), répartition étagée de l'armature longitudinale, précontrainte longitudinale partielle. En dehors des forces appliquées, les déformations globales et locales, ainsi que l'ouverture des fissures, ont été mesurées.

Les résultats des essais peuvent être résumés comme suit:

- Pour les poutres T1, T2, T3, T5 et T6, la charge ultime théorique à la flexion a été atteinte (formation de deux rotules plastiques). Pour la poutre T4, cette limite n'a juste pas pu être atteinte et la rupture est intervenue sous une charge linéaire inférieure de 4 % à la valeur calculée.

- Le mode de rupture a pu être prédit fidèlement pour les poutres T1 à T5 (destruction de la zone de compression à la flexion et rupture du béton dans l'âme).

- Comme attendu, des différences relativement grandes entre chaque poutre se dégagent quant à la capacité de déformation. Sur l'illustration **Bild Z.1** sont représentées les courbes moment-déplacement mesurées pour les domaines de déformations plastiques à l'appui B. Les diagrammes montrent la relation entre le moment de flexion à l'axe de l'appui B (M_B) et les déflexions mesurées à l'extrémité libre du porte-à-faux (x = -3.0 m), ainsi que celles mesurées environ au tiers-point de la portée (x = 3.0 m). Sur la base de ces courbes, les angles des rotations se développant jusqu'à la rupture à gauche et à droite de l'appui B peuvent être estimés.

- Pour les poutres T1, T3 et T5, la rupture intervient par écrasement du talon de compression dans la zone de plus grande sollicitation à la flexion. Le béton étant relativement bien fretté par les étriers dans cette zone, les déformations ont pu continuer à se développer, même après éclatement du béton d'enrobage, sans que l'intensité des forces ne faiblisse. La rupture effective est à chaque fois survenue par flambement des barres longitudinales disposées dans le talon de compression.

- Pour les poutres T2 et T4, la rupture intervient par destruction du béton d'âme dans la zone de plus grande sollicitation à l'effort tranchant. Ces deux poutres étaient construites avec un taux d'armature transversal fortement réduit. La rupture fut à chaque fois accompagnée d'une chute abrupte de la charge appliquée.

- Bien que la poutre T4 présentait la plus petite déformation lors de la rupture, on ne peut attribuer cela au seul fait que cette poutre a été exécutée sans étagement de l'armature longitudinale. L'essai T4 démontra avant tout que, en particulier lors de la ruine par effort tranchant, une petite réduction de la résistance à la compression du béton (ici, environ 5 % p.r. à T2) se répercute de façon sensible sur la capacité portante. Ce comportement peut être expliqué à l'aide du calcul plastique. Concernant la réduction de la résistance à la compression à appliquer, les essais T2 et T4 livrent d'importants points de repère.

- Lors de la rupture de la poutre T6, le câble de précontrainte posé (4 torons Ø 0.6″) s'est rompu dans la zone des moments de flexion négatifs. Les barres d'armatures inférieures dans le talon de compression étaient en outre déjà légèrement bombées, ce qui signifie que la capacité portante de la zone comprimée à la flexion était pratiquement ment épuisée.

- L'illustration **Bild Z.2** montre la fissuration et les zones de rupture des essais T1 à T6 après décharge des poutres.

Summary

Within the framework of the research project "Deformation Capacity of Structural Concrete" tests were carried out on four conventionally reinforced and two prestressed concrete girders (**Tabelle 1.1**) at the Institute of Structural Engineering of the Swiss Federal Institute of Technology (ETH) in Zürich. The girders (T1 to T6) were simply supported and had an overhang on one side (**Bild 1.1**). The experiments aimed at investigating the influence of some major parameters on the deformation capacity. In particular, they should allow to study the development of plastic hinges in regions subjected to high bending moments and shear forces using large scale test specimens.

Each girder was subjected to a single load at the free end of the overhang and a uniformly distributed load in the span between the supports. In a first phase the specimens were subjected to proportionally increasing loads. After onset of yielding of the longitudinal reinforcement in the negative moment region (over Support B), deformations were increased until the longitudinal reinforcement in the span began to yield as well, followed by eventual failure in the region of Support B. In the design of the girders the following parameters were varied: ratio of longitudinal reinforcement, ratio of stirrup reinforcement (expressed by the inclination of the concrete compressive diagonals in the truss model), curtailing of longitudinal bars and partial prestressing of longitudinal reinforcement. At each stage of the tests applied loads, global and local deformations, crack patterns and crack widths were recorded.

The test results can be summarized as follows:

- Theoretical flexural failure loads were reached by Girders T1, T2, T3, T5 and T6; for each of these girders two plastic hinges developed. Girder T4 failed under a distributed load, which was approximately 4 % below the theoretical flexural failure load.

- For Girders T1 to T5, failure modes were reliably predicted; failure occurred either by crushing of the flexural compression zone or by crushing of the web concrete.

- Regarding deformation capacity the tests exhibited considerable differences among the individual girders. **Bild Z.1** shows moment-deformation-curves for the plastic hinge regions in the vicinity of Support B. The diagrams show the relationship between bending moments at Support B (M_B) and the measured deflections at the free end of the overhang (x = -3.0 m) and at roughly the third-point of the span (x = 3.0 m). Based on these diagrams angles of plastic rotation can be estimated.

- Girders T1, T3 and T5 failed by crushing of the flexural compression zones at Support B. The concrete in these zones had been confined by stirrups and therefore, deformations could still be increased considerably after spalling off of the concrete cover. The actual collapse was initiated by buckling of the longitudinal reinforcing bars.

- Girders T2 and T4 failed by crushing of the web concrete in the regions of maximum shear forces. These two specimens contained a reduced amount of stirrup reinforcement. The failures were accompanied by an abrupt loss of load bearing capacity.

- Girder T4 exhibited the smallest deformations at failure. While this behaviour can be explained to a certain extent by the fact that the longitudinal reinforcing bars were not curtailed the experiment on this girder also demonstrated that for shear failures a small reduction of the concrete compressive strength (roughly 5 % compared with T2) may result in a noticeable reduction of the failure load; in this regard the experiments T2 and T4 provide valuable information.

- Girder T6 failed by rupture of the prestressing tendon (4 strands Ø 0.6″) in the region of Support B. At that stage the reinforcing bars in the flexural compression zone showed slight bulging which indicates that the bearing capacity of that zone was reached almost simultaneously.

- **Bild Z.2** shows the crack patterns and the failure zones of all specimens after the tests.

Verdankungen

Der vorliegende Versuchsbericht wurde im Rahmen des Forschungsprojektes "Verformungsvermögen von Massivbautragwerken" am Institut für Baustatik und Konstruktion der Eidgenössischen Technischen Hochschule Zürich ausgearbeitet. Für die grosszügige finanzielle Unterstützung dieses Projektes möchten die Verfasser folgenden Institutionen aufrichtig danken:

- Schweizerischer Nationalfonds zur Förderung der wissenschaftlichen Forschung, Bern,

- Stiftung für wissenschaftliche, systematische Forschungen auf dem Gebiet des Beton- und Eisenbetonbaus des Vereins Schweizerischer Zement-, Kalk- und Gips-Fabrikanten (VSZKGF), Zürich.

Die Versuchsträger wurden im Vorfabrikationswerk der Firma *Stüssi AG*, Dällikon, hergestellt. Der Betonstahl wurde von der Firma *von Moos Stahl AG*, Luzern, der Spannstahl von der Firma *VSL International AG*, Lyssach, geliefert. Die reibungslose Zusammenarbeit mit den genannten Firmen hat wesentlich zum Gelingen der Versuche beigetragen.

Beim Bewehren und Betonieren der Träger sowie bei der Vorbereitung und Durchführung der Versuche haben Frau Carmen Gerber-Balmelli und die Herren Manuel Alvarez, Pietro Brenni, Kurt Bucher, David Döring, Gunar Ernst, Christian Florin, Paul Gauvreau und Ralf Martens mitgearbeitet. Herr Markus Baumann leistete wertvolle Unterstützung bei der Lösung der mess- und regeltechnischen Probleme. Für ihre Mitarbeit sei den Genannten herzlich gedankt.

Bezeichnungen

Geometrische Grössen

A_s Querschnittsfläche des Betonstahls

A_p Querschnittsfläche des Spannstahls

b_o Breite des oberen Flansches

b_u Breite des unteren Flansches

c Höhe der Betondruckzone

d statische Höhe

h Trägerhöhe

l Spannweite

x horizontale Koordinatenachse

$\emptyset$ Durchmesser

z Abstand der Wirkungslinien der Gurtkräfte (innerer Hebelarm)

Kraftgrössen

F Kraft

P Einzellast

Q Linienlast

V Vorspannkraft

V_{om} mittlere initiale Vorspannkraft

Verformungsgrössen

ε Dehnung

ε_1 grössere Hauptdehnung

ε_2 kleinere Hauptdehnung

ε_{26}, ε_{27} bei den Messstellen *26* und *27* gemessene Betonstauchungen

w_i bei der Messstelle *i* gemessene Verschiebung

Diverse Bezeichnungen

ω mechanischer Bewehrungsgehalt

1...27   Nummern der fest verdrahteten Messungen

Materialeigenschaften

E_c Elastizitätsmodul des Betons

E_p Elastizitätsmodul des Spannstahls

E_s Elastizitätsmodul des Betonstahls

ε_{cu} Bruchstauchung des Betons (Stauchung beim Erreichen der Zylinderdruckfestigkeit)

ε_{sg} Gleichmassdehnung des Betonstahls

ε_{sv} Dehnung des Betonstahls bei Verfestigungsbeginn

f_c Zylinderdruckfestigkeit des Betons

f_{cts} Spaltzugfestigkeit des Betons

f_{cw} Würfeldruckfestigkeit des Betons

f_{pt} Zugfestigkeit des Spannstahls

f_{py} 0.2% -Dehngrenze des Spannstahls

f_{st} Zugfestigkeit des Betonstahls

f_{sy} Fliessgrenze des Betonstahls

Literatur

ASCE-ACI (1965). *Flexural Mechanics of Reinforced Concrete*. Proceedings of the International Symposium, ASCE-ACI, Miami, Nov. 1964. ACI SP-12, 601 pp.

Bachmann, H. (1967). *Zur plastizitätstheoretischen Berechnung statisch unbestimmter Stahlbetonbalken*. Dissertation, Institut für Baustatik und Konstruktion, ETH Zürich, Bericht Nr. 13. Juris Druck+Verlag, Zürich, 188 pp.

CEB (1974). *Structures Hyperstatiques*. Documents de travail 1974, 2ème partie. Comité euro-international du béton, Bulletin d'information No. 105, 259 pp.

CEB (1993). *Ductility*. Progress report of Task Group 2.2. Comité euro-international du béton, Bulletin d'information No. 218, 273 pp.

CEB-FIP (1990). *CEB-FIP Model Code 1990*. First Draft. Comité euro-international du béton, Bulletin d'information No. 195/196.

Cerruti, L. M., Marti, P. (1987). "Staggered shear design of concrete beams: large scale tests." *Canadian Journal of Civil Engineering*, Vol. 14, No. 2, April 1987, pp. 257-268.

Dilger, W. (1966). *Veränderlichkeit der Biege- und Schubsteifigkeit bei Stahlbetontragwerken und ihr Einfluss auf Schnittkraftverteilung und Traglast bei statisch unbestimmten Systemen*. Deutscher Ausschuss für Stahlbeton, Heft 179. Wilhelm Ernst & Sohn, Berlin. 101 pp.

EC 2 (1992). *Eurocode 2: Planung von Stahlbeton- und Spannbetontragwerken*. Teil 1, Grundlagen und Anwendungsregeln für den Hochbau. Europäische Vornorm, SIA Ausgabe, V162.001, Schweizerischer Ingenieur- und Architektenverein, Zürich, 173 pp.

Graubner, C.-A. (1988). *Schnittgrössenermittlung in statisch unbestimmten Stahlbetonbalken unter Berücksichtigung wirklichkeitsnaher Stoffgesetze*. Dissertation, Institut für Bauingenieurwesen III, Lehrstuhl für Massivbau, Technische Universität München, 208 pp.

Langer, P. (1987). *Verdrehfähigkeit plastizierter Tragwerksbereiche im Stahlbetonbau*. Dissertation, Institut für Werkstoffe im Bauwesen, Universität Stuttgart. Mitteilungen, 1987/1, 199 pp.

Marti, P. (1980). *Zur plastischen Berechnung von Stahlbeton*. Dissertation, Institut für Baustatik und Konstruktion, ETH Zürich, Bericht Nr. 104. Birkhäuser Verlag, Basel, 176 pp.

Marti, P. (1986). "Staggered Shear Design of Simply Supported Concrete Beams." *ACI Structural Journal*, Vol. 83, No. 1, Jan.-Feb. 1986, pp. 36-42.

Marti, P. (1989). "Size Effect in Double-Punch Tests on Concrete Cylinders." *ACI Materials Journal*, Vol. 86, No. 6, Nov.-Dec. 1989, pp. 597-601.

Müller, P. (1978). *Plastische Berechnung von Stahlbetonscheiben und -balken*. Dissertation, Institut für Baustatik und Konstruktion, ETH Zürich, Bericht Nr. 83. Birkhäuser Verlag, Basel, 160 pp.

Muttoni, A., Schwartz, J. und Thürlimann, B. (1989). *Bemessen und Konstruieren von Stahlbetontragwerken mit Spannungsfeldern*. Vorlesungsunterlagen, Institut für Baustatik und Konstruktion, ETH Zürich, 134 pp.

SIA (1993). *Norm 162, Betonbauten*. Norm Ausgabe 1989, Teilrevision 1993. Schweizerischer Ingenieur- und Architektenverein, Zürich, 86 pp.

Siviero, E. (1974). "Rotation Capacity of Monodimensional Members in Structural Concrete." Comité euro-international du béton, *Bulletin d'information*, No. 105, pp. 206-222.

Thürlimann, B., Marti, P., Pralong, J., Ritz, P. und Zimmerli, B. (1983). *Anwendung der Plastizitätstheorie auf Stahlbeton*. Institut für Baustatik und Konstruktion, ETH Zürich, 252 pp.

VSL (1989). *Spannverfahren*. Arbeitsunterlagen zum Spannsystem, VSL International AG, Bern, 31 pp.

Berichte des IBK beim Birkhäuser Verlag Basel (ab November 1991)

Die aufgeführten Berichte sind unter Angabe der ISBN-Nr. direkt beim Birkhäuser
Verlag Basel zu bestellen. Adresse: Postfach 155, 4010 Basel (Tel. 061 721 77 84).

Keller Thomas:
**Dauerhaftigkeit von Stahlbetontragwerken - Transportmechanismen,
Auswirkung von Rissen**
Bericht IBA Nr. 184, ISBN 3-7643-2711-1, November 1991, Fr. 65.--

Menn C.:
Bonding of Old and New Concrete for Monolithic Behaviour
Bericht IBA Nr. 185, ISBN 3-7643-2712-X, November 1991, Fr. 8.80

Hohberg J.-M.:
A Joint Element for the Nonlinear Dynamic Analysis of Arch Dams
Bericht IBA Nr. 186, Juli 1992, ISBN 3-7643-2811-8, Fr. 92.--

Bachmann H.:
Earthquake Design of Bridges - The Swiss Code Approach
Bericht IBA Nr. 187, März 1992, ISBN 3-7643-2755-3, Fr. 7.70

Moser K.:
Ist Erdbebensicherung im Hochbau gerechtfertigt?
Bericht IBA Nr. 188, März 1992, ISBN 3-7643-2756-1, Fr. 8.50

Menn C., Brenni P., Keller T., Pellegrinelli L:
Verbindung von altem und neuem Beton
Bericht IBA Nr. 193, August 1992, ISBN 3-7643-2825-8, Fr. 77.--

Gauvreau Paul:
Load Tests of Concrete Girders Prestressed with Unbonded Tendons
Bericht IBA Nr. 194, Januar 1993, ISBN 3-7643-2843-6, Fr. 79.--

Gauvreau D.P.:
Ultimate Limit State of Concrete Girders Prestressed with Unbonded Tendons
Bericht IBA Nr. 198, Januar 1993, ISBN 3-7643-2873-8, Fr. 66.--

Petschacher Markus:
**Zuverlässigkeit technischer Systeme
Computerunterstützte Verarbeitung von stochastischen Grössen mit dem
Programm VaP**
Bericht IBA Nr. 199, August 1993, ISBN 3-7643-2967-X, Fr. 59.--

Linde Peter:
**Numerical Modelling and Capacity Design of Earthquake-Resistant Reinforced
Concrete Walls**
Bericht IBA Nr. 200, August 1993, ISBN 3-7643-2968-8, Fr. 86.--

Moser Konrad:
Erdbebentauglichkeit von Stahlbetonhochbauten
Bericht IBK Nr. 201, November 1993, ISBN 3-7643-5006-7, Fr. 65.--

Sigrist V., Marti P.:
Versuche zum Verformungsvermögen von Stahlbetonträgern
Bericht IBK Nr. 202, November 1993, ISBN 3-7643-5007-5, Fr. 55.--